新时代
中国幸福观

江　畅 ◎ 著

China's View of
Eudaemonia in the New Era

新华出版社

图书在版编目（CIP）数据

新时代中国幸福观 / 江畅 著. -- 北京：新华出版社, 2021.1（2025.2重印）
ISBN 978-7-5166-5609-9

Ⅰ. ①新… Ⅱ. ①江… Ⅲ. ①幸福-人生观-研究-中国 Ⅳ. ①B821

中国版本图书馆CIP数据核字(2021)第017896号

新时代中国幸福观

作　　者：江　畅

选题策划：唐波勇		**封面设计**：李尘工作室	
责任编辑：唐波勇			

出版发行：新华出版社
地　　址：北京石景山区京原路8号　　邮　　编：100040
网　　址：http://www.xinhuanet.com/publish
经　　销：新华书店、新华出版社天猫旗舰店、京东旗舰店及各大网店
购书热线：010 - 63077122　　中国新闻书店购书热线：010 - 63072012

照　　排：六合方圆
印　　刷：大厂回族自治县众邦印务有限公司

成品尺寸：170mm×240mm
印　　张：18　　　　　　　　　　字　　数：220千字
版　　次：2021年3月第一版　　　印　　次：2025年2月第二次印刷
书　　号：ISBN 978-7-5166-5609-9
定　　价：68.00元

版权专有，侵权必究。如有质量问题，请与出版社联系调换：010-63077124

目录 CONTENTS

前　言　幸福时代话幸福 ··· 1
　　1. 幸福的意义 ··· 3
　　2. 幸福观之于幸福 ··· 7
　　3. 树立新时代幸福观 ·· 10

第一章　新时代幸福观的期然而至 ··································· 13
　一、幸福的含义及其实现 ·· 15
　　1. 幸福和幸福感 ··· 15
　　2. 幸福与快乐的区别 ·· 21
　　3. 幸福生活的基本领域 ····································· 25
　　4. 幸福实现的条件 ··· 29
　　5. 幸福的脆弱性 ··· 34
　二、永恒的话题与追求 ·· 39
　　1. 见仁见智的理解 ··· 39
　　2. 悠久的话题 ·· 44
　　3. 人类追求的终极目的 ····································· 47
　　4. 幸福观的基本形态 ·· 50

三、古代主流幸福观 ········· 56
  1. 中国先秦的"五福" ········· 56
  2. 古希腊的"好生活" ········· 59
  3. 西方中世纪的"至福" ········· 64

四、现代主流幸福观 ········· 67
  1. 从重德性转向重利益 ········· 67
  2. 从利益取向到享受取向 ········· 72
  3. 德性幸福观的复兴 ········· 76

五、马克思恩格斯的理想 ········· 80
  1. 共产主义必定实现 ········· 81
  2. 人全面而自由发展的理想社会 ········· 84
  3. 通向共产主义之路 ········· 90

六、新时代幸福观的融合创新 ········· 94
  1. 对古典幸福观的弘扬 ········· 95
  2. 让人民过上美好生活 ········· 99
  3. 五大基本特征 ········· 105
  4. 创造美好生活之指南 ········· 109

第二章 幸福观的新时代意蕴 ········· 115

一、人民幸福作为奋斗目标 ········· 117
  1. 人民幸福：人民生活更加美好 ········· 117
  2. 全面小康与共同富裕 ········· 122
  3. 人民的获得感、幸福感、安全感 ········· 125
  4. 以人民幸福为奋斗目标 ········· 129

二、人民美好生活与"中国梦" ········· 135
  1. "中国梦"的提出 ········· 135

2. "中国梦"的内涵及其魅力 …………………… 137
　　3. "中国梦"与"美国梦"之比较 ……………… 143
　　4. 人民幸福的终极意义 …………………………… 147
三、美好生活与美好社会和美好自然 ………………… 152
　　1. 美好生活的依赖性 ……………………………… 152
　　2. 美好社会之好 …………………………………… 156
　　3. 美好自然之美 …………………………………… 160
　　4. "三美好"统一的关键 ………………………… 164
四、一切为了人民生活更加美好 ……………………… 167
　　1. 彰显新时代幸福观 ……………………………… 167
　　2. 弘扬核心价值观 ………………………………… 170
　　3. 完善国家制度体系和治理体系 ………………… 173
　　4. 推动人类共同价值构建 ………………………… 176

第三章　新时代幸福观的个人之维 ……………………… 181

一、走幸福之路 ………………………………………… 183
　　1. 构建新时代个人幸福观 ………………………… 184
　　2. 追求全面而自由发展 …………………………… 188
　　3. 幸福、完善与享受 ……………………………… 192
　　4. 确立现代禁忌观念 ……………………………… 195
二、重人生成功 ………………………………………… 201
　　1. 成功的意义 ……………………………………… 201
　　2. 成功的两个主要领域 …………………………… 207
　　3. 成功和幸福是奋斗出来的 ……………………… 211
　　4. 不断超越自我 …………………………………… 215
三、修完善人格 ………………………………………… 219

1. 人格完善与自我实现 …………………………………… 220
　　2. 人格完善的含义与特征 ………………………………… 224
　　3. 德性对于人格完善的意义 ……………………………… 228
　　4. 追求更高的人生境界 …………………………………… 232
　四、做智慧之人 …………………………………………………… 236
　　1. 智慧的意蕴 ……………………………………………… 237
　　2. 智慧与理性、理智的关系辨析 ………………………… 241
　　3. 智慧的意义 ……………………………………………… 245
　　4. 转识成智与福慧双修 …………………………………… 249
　五、过优雅生活 …………………………………………………… 253
　　1. 优雅生活：幸福的当代应有形态 ……………………… 253
　　2. 优雅生活的意蕴与特征 ………………………………… 257
　　3. 优雅生活模式及境界 …………………………………… 261
　　4. 走向优雅生活 …………………………………………… 265

结　语　助力世界幸福新时代 ……………………………………… 271
　　1. 中国人民幸福的示范作用和构建经验 ………………… 273
　　2. 人民幸福在中国任重道远 ……………………………… 275
　　3. 以中国人民幸福昭示人类美好生活 …………………… 278

后　记 ………………………………………………………………… 281

前 言
幸福时代话幸福

党的十九大宣告：经过长期努力，中国特色社会主义进入了新时代，这是我国发展新的历史方位。在我国进入中国特色社会主义新时代的同时，中华民族正在走向世世代代中华儿女渴求的不断创造美好生活的幸福时代。在这样一个从富起来到强起来的伟大历史跨越中，人们关心幸福，谈论幸福，思考幸福，追求幸福，创造幸福，享受幸福，正在努力构建一种与新时代相适应的全新幸福观。这种新幸福观不是人们日常对幸福的各种具体感受或零星想法，而是有着深厚历史文化滋养、得到严密理论构建和充分逻辑论证、正日益为全国人民广泛认同的幸福观。它基于党领导全国人民进行伟大斗争实践的理论创新，凝聚全党全国各族人民的智慧，充分表达今天中国人民对更加美好生活的强烈愿望和热切期盼。中国特色社会主义建设事业需要中国特色社会主义的理论指导，同样，中国人民的美好生活也需要新时代幸福观的指引。我们要在新时代幸福观指引下不断创造更加美好的生活，同时又要根据创造美好生活的鲜活实践不断丰富和创新新时代幸福观，从理论和实践的结合上构建中国人民普遍而持久的幸福生活，也为解决人类普遍而持久幸福的问题贡献中国智慧和中国方案。

2021年中国全面建成小康社会，在中国历史上具有开天辟地的意义。这不仅是伟大的历史成就、了不起的千秋功德，同时对中国社会发展具有深远的积极历史效应，也可以给发展中国家提供中国经验。全面建成小康社会为中国人迈向幸福时代奠定了坚实基础，我们正在向着全体中国人民过上美好生活的宏伟目标奋力前行，希望本书的面世能够助推人们对幸福的正确感知，以同心共建我们更加美好的幸福生活。

1. 幸福的意义

人人都谈论和追求幸福，自古以来的思想家也在不断地探讨什么是幸福以及如何获得幸福的问题。幸福之所以对于人生具有重要的意义，是因为幸福作为最好或至善，具有幸福性质的生活作为最好的生活，既是人生的圆满价值，也是人生的终极目标，还是人生的最高理想。

虽然人们的活动所指向的价值各不相同而且会随着生活的变化而发生变化，但就人的一生而言它们构成一个价值的集合或总体。不同人的价值总体在广度和高度上存在着差异，当这种价值总体达到圆满的程度时，也就是说当它达到了可能达到的最大的广度和最高的高度时，这个价值总体就是我们的幸福。价值也就是好或善，正是在这种意义上，亚里士多德等许多哲学家把幸福看作是最大的善或最高的善，因而是人生的终极目标。冯·赖特在谈到亚里士多德对幸福的理解时指出："在人类行动的可能目标中，幸福占有一个独特的位置。这个独特的位置不是说幸福就是所有行动的终极目标，而是说幸福是那个唯一的目标，它除了是终极的之外不再是任何东西。幸福的本性就在于，不能够为了任何其他的东西而追求幸福。所以，亚里士多德似乎认为，这就是幸福对于人类来说最高的善的原因。"[1] 冯·赖特的这种理解是符合亚里士多德原意的。无论是把幸福看作是最大的善也好，还是看作最高的善也罢，都没有真正表达幸福作为圆满价值的特点。因为说它是最大价值，那还意味着在它之外还有价值；说它是最高价值，那还意味着在它之外还有次高的价值。而幸福是一种总体价值，是总体价值中达到圆满程度的价值，是人生的完善境界。当一个人达到这种境界时，他就获得了人生的成功，正如弗洛姆所说，"幸福之感乃是个人在生活艺术中取得非常成功的明证，幸福是最伟大的

---

[1] 冯·赖特：《好的多样性》，见万俊人主编：《20世纪西方伦理学经典》（Ⅰ），中国人民大学出版社2004年版，第455—456页。

成就"[1]。

　　如果幸福是人生的圆满价值，那么当我们说一个人是幸福的时候，那就意味着他达到了人生的完善，或者说达到了人生的圆满境界。然而，由于人性的弱点和人生活环境的局限，实际上人是很难真正达到这种圆满的幸福境界的，而且即使能达到，也许要在人们经过了许多年的努力后一直到中老年才达到。这种情况表明，幸福作为一种圆满的价值，既然人们很难达到，那么现实中的幸福就是相对的，不是完全意义上的，而是接近了幸福，或者相对于其他痛苦的人、不幸福的人而言是幸福的。但是，有幸福作为人生的圆满价值、作为人生的完善，可以为人生提供一个追求的目标，而以完善为追求目标对于人生具有重要的意义。

　　现实中没有一个真正达到完善的人。但是，有完善作为追求和没有完善作为追求，无论是人生的追求过程还是人生的追求结果都是很不一样的。就追求过程而言，追求完善的人，他的人生似乎有一条主线，有一个方向，他的所有欲望、追求、满足好像都是围绕这条主线展开的，都是朝着同一个方向的，都是某一个整体的一个部分。而不追求完善的人，他的一生就是漫无目的的、零散的，生活的内容是分离的、割裂的，生活的道路是蹒跚的、徘徊的。就追求的结果而言，追求完善的人，他的欲望和满足有可能丰富而深厚，他的生活可能充实而完满。而不追求完善的人，他的欲望和满足只会是散乱和浅薄的，他的生活会经常充斥空虚和无聊。有哲学家力图论证："我们的生活在整体论意义上是整体性的，这种整体论的结构就它有幸福作为它的

---

[1] 转引自高觉敷主编：《西方心理学的新发展》，人民教育出版社1987年版，第388页。

意义的终极来源而言也是一种目的论的结构。"[1]

虽然幸福不一定能为人们所完全达到，但可以作为人们终极的价值目标来追求。也正是因为幸福难以完全达到，所以人们才把它作为人生的终极目标。在现实生活中，人们虽然并不都能获得幸福，达到圆满的境界，但一般都会把幸福作为他们的终极目标。当人们有了自我意识后，他们就会以幸福作为一切活动的出发点和目的，作为人生的终极追求。同时，他们也会自觉不自觉地使他们各种活动的目标与幸福联系起来，使所有的活动指向幸福，使所有活动的具体目标从属于、服从于、服务于幸福这个终极目标。当然，人们的活动会发生偏离幸福这一终极目标的情形，但这种情形主要发生在两种情况下：一是人们抗拒不了外界的诱惑，如当一个人抵御不了权力的魅力的时候，他可能奴颜婢膝地出卖自己的灵魂。二是社会环境不允许人们追求个人的幸福，如"文革"期间，追求个人幸福被看作是资产阶级思想而被批斗。不过，在正常情况下，一个人越是自觉地把幸福作为终极目标努力追求，他就越有可能获得幸福。

当人们把幸福作为终极目标而想象它并对它充满了希望时，幸福就会成为人们的理想。人在世界上生活会有各种理想，有远大的，也有近期的，有最低的，也有最高的，最高的因为难以达到因而也常常成为远大的。幸福作为一种理想，它是一种最高的理想。这种最高并不只是指层次高，同时也是指它必须以其他较低层次、较具体的理想为基础，它的实现要以它们的实现为前提。

古希腊神话中有一个"潘多拉的盒子"的故事，主神宙斯为了报

---

[1] Pedro Alexis Tabensky, *Happiness: Personhood, Community and Purpose*, Hampshire: Ashgate Publishing Limited, 2003, p.4.

复人类而创造了第一个人类女人潘多拉并送给有恩于宙斯的伊皮米修斯（普罗米修斯的弟弟）。在他们结婚时，宙斯送给潘多拉一个盒子当礼物。当她打开盒子一看，飞出来的是贪婪、杀戮、恐惧、痛苦、疾病、欲望，她赶紧合上盒子，而留在盒子里的是希望。从此，人类充满了灾祸，而唯一缺乏的是希望。然而，人类并没有因为潘多拉的盒子关住了希望而没有希望，幸福就是最大的希望。正是因为有了幸福这一最大的希望，并在幸福的旗帜下，人类不断与邪恶作斗争，不断进步和进化，不断走向现实的幸福。

幸福作为人类的希望和理想，是人类的最重要精神支柱，是人类追求的最高精神价值。在对这种精神价值的追求中，人类的物质满足退居到次要的地位。基督教《新约》对物质的有利与精神的损失作出了鲜明对照。耶稣问："如果一个人得到了整个世界而失去了自己的灵魂，那会对他有什么好处呢？"[1] 如果不考虑这一表达的宗教意味，我们就会发现它所表达的是精神价值对于人的重要意义，这一意义在《新约》中还体现在另一表达之中。这就是"人不能只靠食物活着"[2]。从当代人类日益世俗化、物质化和享受化所导致的弊端看，《新约》的警示不无道理。人类要有精神价值的追求，虽然不一定能达到尽善尽美的幸福，但有对这种尽善尽美的精神价值的追求，就会更高尚、更圣洁、更像人那样生活。

2. 幸福观之于幸福

我国社会进入幸福时代为每一个社会成员过上更加美好的幸福生活提供了环境、条件和资源，但并不是我们每一个人就一定能够过上

---

[1] 参见《新约圣经·马可福音》8：36。
[2] 参见《旧约圣经·申命纪》8：6和《新约圣经·马太福音》4：4。

幸福生活。现实生活中许多事例都告诉我们，同样生活在我们的时代，从事同样的工作，甚至具备大致相同的个人和家庭条件，有的人生活充满欢声笑语，而有的人却不得不在铁窗高墙里悔恨交加。这就涉及幸福观问题。

从世界上看，一些发达国家虽然国力强大，对外渗透和扩张，但国内却是富人的天堂、穷人的地狱。就是说，国家强大了，并不一定会使人民获得普遍幸福。很多年前，电影《北京人在纽约》实际上表达了世界上最发达国家的这样一种状态："如果你爱一个人，就送他去纽约，因为那里是天堂；如果你恨一个人，也送他去纽约，因为那里是地狱。"当然，国家的情形要复杂得多，制度具有直接的决定性作用，但国家秉持和倡导什么样的幸福观仍然具有先决性的意义。幸福观实际上是价值观的核心内容，制度总是根据价值观确立的。

人是观念的动物，观念就是人们根据生活经验和通过学习所形成的信念。幸福观就是人们关于什么是幸福和如何获得幸福的一些根本性、总体性的观念。人们总是在一定的幸福观支配下生活。一般来说，一个人有什么样的幸福观才会有什么样的个人生活，一个国家有什么样的幸福观才会有什么样的社会生活。幸福观现实化会受到主客观条件的限制，因而有某种幸福观并不必然会有相应的生活，但没有某种幸福观必定没有与之相应的生活。无论是个人还是国家，幸福观都具有根本性的先决性意义。幸福观不同决定着个人是福还是祸，是平庸还是高尚，也决定着国家是让人民普遍幸福，还是只让部分人（通常是统治者）幸福。

自古以来，人类逐渐积累了各种不同的幸福观，它们鱼龙混杂，良莠不齐。人们的幸福状况总是受幸福观支配。在一些人看来，幸福不过是个人的主观感受，无所谓对与不对。然而，不管从理论上看还是从实际上看，幸福观如同价值观一样，确实存在着正确与不正确的问题。比如，一个以欲望得到满足为幸福的人，可能就会存在着德国哲学家叔本华所说的那种问题，即欲望得不到满足就感到痛苦而得到满足又觉得无聊，而这种问题正是当代心理疾病普遍流行的重要原因之一。人们普遍信奉这种幸福观实际上也是当代诸多社会问题的观念根源。

幸福观不仅存在着正确与否的问题，也存在着系统不系统、完整不完整的问题。一个人的幸福观即使是基本正确的，但也可能是比较零碎的、片面的，甚至不同的幸福观念彼此冲突。现实生活中经常会看到这样的情形，一些人为了事业成功而不顾一切，包括家庭甚至自己的身体。这些人实际上是认为只有事业成功才是幸福，而这显然是片面的，因为真正的幸福是生活整体上美好，而不仅仅在于事业成功。

人们在日常生活中只会形成一些对幸福的看法或感受，不能形成系统、完整的幸福观。完整系统的幸福观只能是由思想家或社会提供的理论幸福观，人们则只有通过学习才能将其转化为自己的完整系统幸福观。理论幸福观作为理论观念总是既定社会生活和时代精神的反映。因此，时代不同，理论幸福观也会不同，而一个时代的理论幸福观也会因为是否正确反映了时代精神而存在着正确与不正确之别。

本书所谈的新时代幸福观，是中国特色社会主义新时代所形成的理论幸福观。它是在马克思主义指导下、在弘扬中国优秀传统文化和借鉴外国优秀文化的基础上形成的，正确地反映了中国特色社会主义新时代以及人类全球化时代的时代精神，凝聚了全党和全社会的智慧。因此，新时代幸福观是正确的、先进的，也是完整、系统的。它是新时代中国社会所倡导和践行的社会幸福观，也应成为我国每一个社会成员认同和信奉的幸福观，并使之融入自己的幸福观。我国社会和全体人民都要在新时代幸福观的指引下追求和创造我们的幸福，构建幸福中国，并为迎接幸福世界时代的到来贡献中国智慧和中国方案。

3. 树立新时代幸福观

新时代幸福观是我们党领导全国各族人民进行中国特色社会主义建设事业的过程中，从实践与理论的结合上进行的理论创新，一方面它来自我国伟大斗争的实践，另一方面又对实践发挥着指导作用。因此可以说，中国特色社会主义进入新时代既意味着新时代幸福观的初步形成，也意味着新时代幸福观的践行。今天，我们党不仅把人民生活更加美好作为奋斗目标，提出了我国社会主要矛盾已经转化为人民日益增长的美好生活需要和不平衡不充分的发展之间的矛盾，并为解决发展不平衡不充分这一更加突出的问题提出了一系列战略任务和重大举措。尤其是，党中央着眼于全面建成小康社会、实现社会主义现代化和中华民族伟大复兴作出了全面深化改革、推进"五位一体"总体布局和"四个全面"战略布局、坚持和完善中国特色社会主义制度、推进国家治理体系和治理能力现代化等一系列重大决定。所有这一切都旨在实现"两个一百年"奋斗目标和"中国梦"，其终极目的指向让全体中国人民生活更加美好。

在我们党领导全国人民奋力践行新时代幸福观的过程中，这一新的幸福观也正在赢得社会公众的普遍认同和拥护。但是，我们也必须意识到，新时代幸福观近几年才形成，而成年人的幸福观已经基本成型，要使新时代幸福观普遍转化为人们个人的幸福观有一个相当漫长的过程，还有许多工作要做。目前，我国公众的幸福观纷纭杂呈，情形十分复杂。

其一，所信奉的是错误的幸福观，如信奉幸福在于欲望满足的享乐主义幸福观、幸福在于占有更多社会资源的利己主义幸福观。信奉这类幸福观的人虽然为数不多，但消极影响和破坏力很大，是我国各种社会问题的深层次根源。2003年暴发的SARS事件，很可能就是一些人猎捕、贩卖、贪食野生动物导致的严重后果。大自然以极端形式给予人类的惩罚实际上警示人们不能再信奉错误而有害的利己主义幸福观和享乐主义幸福观。

其二，所信奉的幸福观是零碎的、片面的，甚至是自相矛盾的。其幸福观属于这种情形的人很多。他们的幸福观可能是正确的，可能是错误的，也可能是正确幸福观与错误幸福观混杂，其共同特点是幸福观不系统、不完整。不言而喻，在这种幸福观指导下生活的人，其生活可能有幸福的因素，但从总体上看并不真正幸福。

其三，信奉非主流的幸福观。在我国社会，有不少人信奉的幸福观是比较完整系统的，但不是作为主流幸福观的新时代幸福观，而是各种宗教的幸福观、中国传统的幸福观或外域的幸福观。此类幸福观虽然不能简单地说是不正确的，但它们常常与主流幸福观存在着冲突。

针对我国目前公众信奉幸福观的复杂情形，党和政府要采取各种措施尤其是要通过学校教育，在进一步完善新时代幸福观的同时强化其影响力，促进全社会对其认同和信奉。对于已经认同和信奉新时代幸福观的人，要通过教育引导使其信念坚定，进一步促进他们将新时代幸福观内化于心，外显于行，在全社会做出表率。对于那些信奉错误幸福观的人，要从制度、法律、政策、宣传教育以及体制机制方面采取措施加以制约，防范其危害社会，并促使他们放弃错误的幸福观，接受正确的幸福观。对于大多数幸福观零碎、片面的人，主要要通过宣传教育使他们接受系统完整的新时代幸福观，并采取相应措施激励他们信奉和践行之。对于那些信奉非主流幸福观的人，也要通过宣传教育促使他们知晓新时代幸福观，并引导他们在此基础上再作出选择。对于那些经过选择后仍然坚持原有幸福观的人，也要采取措施防范他们所信奉的幸福观对主流幸福观的冲击，并促进他们在自己的幸福观中融入主流幸福观。

我们相信，通过宣传舆论、教育教化、制度法律、政策措施等途径，可以大大促进我国公众对新时代幸福观的认同、信奉和践行。"上下同心，其利断金。"我们党、国家和全体人民在新时代幸福观上进一步达成共识并同心同德努力践行，我国人民生活更加美好的目标就会早日实现，全体中国人民就会过上真正幸福的生活。

第一章
新时代幸福观的期然而至

早在原始社会，当人类一开始在观念支配下行动的时候，就有了对什么样的生活是好的或更好的看法，并逐渐积淀成观念。这只不过是原始的幸福观。到了"轴心时代"，各种理论形态的幸福观竞相出现，此后在不同时代、不同国度又产生了诸多理论幸福观。历史上的各种理论幸福观虽然观点不同，形态殊异，历史影响有大有小，但都是人类宝贵的观念遗产，它们既为后人提供了丰富的幸福观选择，也为幸福观的创新奠定了基础并提供了滋养。新时代幸福观是党的十八大之后短短几年形成的，但它吸取了中外历史上各种理论幸福观的精华，是一种理论上的综合创新。同时，它作为适应中国特色社会主义建设事业需要而产生的新时代幸福观，又是对以前一切幸福观的革命性变革。可以说，新时代幸福观是应运而生，期然而至，它的产生顺应了中国从富起来到强起来之历史发展大势，承载了千百年来中国人民的伟大梦想。

一、幸福的含义及其实现

自古以来，人们关于幸福的问题见仁见智，但对这一问题的回答存在着正确与不正确的问题，也存在着完整与不完整的问题。在这里，我们试图在总结和提炼人类思想史相关资源的基础上对一般意义上的幸福问题作出简要回答。

1. 幸福和幸福感

一般地说，幸福是一种生活，是一种好的生活或令人满意的生活，也可以说，就是生活得好。然而，人对生活的满意是相对的，通常会由满意逐渐变得不满意。当对生活由满意变得不满意时，好的生活就会变得不再好了。另一方面，现代社会发展突飞猛进，生活质量不断提高，幸福日益成为一个动态的概念和目标。一个人如果只满足于现在生活得好，而不追求生活得更好，也许不用多久，好的生活就会变得不再好了。因此，真正好的生活应该是越来越好的生活，真正的幸福应该还原为生活得更好。

如果说幸福就是生活得（更）好，那么，怎样才算生活得好？

对于什么是好生活的问题，根据克里斯丁·斯万顿的概括，现行的文献关于好生活的概念主要有三种：其一，好生活是繁荣或兴旺的生活；其二，好生活是既在道德上有价值的又在个人方面令人满足的（兴旺的，个人成功的）；其三，好生活是个人的善处于支配地位的生活。[1] 其中第二种观点是自古以来为更多学者所接受的观点。"好生活要么是在令人赞赏的意义上有吸引力的生活，要么是在值得欲望的意义上有吸引力的生活。"[2] 好生活可以从两种不同意义上理解：一是把好生活理解为"值得赞赏的生活"（the admirable life），这是指的道德或德性高尚的生活；二是把好生活理解为"值得欲望的生活"（the desirable life），这是指的繁荣或发达的生活。真正的幸福生活应该既是"值得欲望的生活"，又是"值得赞赏的生活"。约翰·刻克斯说："好生活可以被理解为具有道德价值的生活，或者被理解为令人满足的生活，或者理解为具有道德价值和令人满足在某种比例上的结合的生活。这些可供选择的生活被称为'德性的''令人满足的'

---

[1] Cf. Christine Swanton, *Virtue Ethics: A Pluralistic View*, New York: Oxford University Press, 2003, pp.57-8.

[2] Linda Zagzebski, "The Admirable Life and the Desirable Life", in Chappell, Timothy, ed., *Values and Virtues: Aristotelianism in Contemporary Ethics*, Oxford: Clarendon Press, 2006, p.62.

和'达到平衡的'生活。"[1]这种"达到平衡的"生活就是既值得欲望又值得赞赏的生活。达到了这种"平衡"就是最好（善）的生活，也就是我们说的幸福生活。

这里说的幸福生活并不是幸福本身，正如某种好东西并不就是好本身一样。幸福生活是具有幸福这种价值性质或规定性的生活，是幸福这种性质使生活变成幸福的。幸福是一种好性或善性，是生活的最高好性或善性，或者说，是生活的最好或至善，它是幸福生活之所以令人幸福的决定性因素。这正如尼古拉·哈特曼所指出的，"价值不仅独立于那些有价值的事物（善者），而且事实上还是其先决条件"[2]。

"生活得好"并没有绝对的衡量标准，不同时代、不同国度、不同阶层、不同个人用以衡量"生活得好"的标准是很不一样的。就不同的时代而言，例如，在长期的中国传统社会，大多数农民觉得好的生活就是："三十亩地一头牛，老婆孩子热炕头。"而在当代中国，大多数农民再也不会认为这种生活是一种好的生活。就不同的国度而言，例如，在当代西方，许多人把"三S"（Sun 阳光，Sea 大海，Sex 性爱）的生活方式看作是一种理想的生活方式，而在当代西亚的伊斯兰国家，恐怕大多数教徒都不会认为这种生活方式是一种好生活。就不同的阶层而言，例如，社会下层的人士可能认为富有是一种好的生活，而社会上层的人士可能认为潇洒才是好的生活。至于不同的个人对什么样的生活是好生活的看法更会因为年龄、性别、职业、受教育程度、民族、国别等的不同而很不相同。

---

[1] John Kekes, *Moral Wisdom and Good Lives*, Ithaca and London: Cornell University Press, 1995, p.31.
[2] 尼古拉·哈特曼：《伦理学》，见冯平主编：《现代西方价值哲学经典》（先验主义路向），北京师范大学出版社2009年版，第701页。

尽管"生活得好"没有绝对的衡量标准，幸福作为一种满足感总是个人的感受，幸福与否重在个人自己的感觉，然而，在某一特定的社会范围内，总有某些得到大多数人认同的要素，总有某些用以判断的客观尺度。随着社会的发展，不仅在某一社会范围内，而且在全人类范围内，人们越来越觉得应当有一些衡量生活好坏、生活质量高低的标准。从这种意义上看，一个人是否幸福绝不能仅凭自己的感觉。

经历过中国"文化大革命"的人都记得，当时中国上下都流传着这样一种说法："世界上有三分之二的人民生活在水深火热之中。"其言外之意，是认为世界上只有中国人民（或许还包括阿尔巴尼亚、越南等社会主义国家的人民）过着幸福生活。改革开放以后，中国的国门打开，这时才发现，情况并非如此。许多人感到不少国家的人民远比自己幸福，于是在中国出现了持续30年之久、至今仍未完全平息的"能出国就出国，能不回就不回"的出国潮。

这个教训深刻地告诉我们，尤其在当代国际交流日益加强、现代文明日新月异的条件下，我们决不能自我陶醉。在判断自己和其他人是否幸福的时候，不能仅仅凭自己的感觉和感受，而应该有时代眼光，应该有全球眼光，应该有发展眼光。要有理性的判断，切忌盲目自大。

生活是人的需要满足的过程，好生活一般而言就是人的需要得到完全或充分满足的生活。但是，人的需要几乎在任何时候都不可能得到完全满足，而只能得到程度尽可能高的满足。而且，单纯的满足并不一定就会满意，满意是一种愉悦状态。据此，我们可以对幸福作出如下界定：幸福就是人的根本的总体的需要得到某种程度的满足所产生的愉悦状态。这里涉及以下三方面的问题：

一是如何理解"人的根本的总体的需要"。人的需要是一个复杂的系统，有不同的维度和不同的层次。随着社会的发展，人的需要还在迅速地向广度和深度扩展。在当代社会，人的需要与人的想要（欲望或愿望）越来越难以分辨，以至于人的需要日益呈现出没有限度的态势。如果认为幸福是人的所有需要都得到满足，那么人不可能有幸福，因为人的需要太多，而且还在不断地产生，任何人都不可能使自己的所有需要都得到满足。因此，应当把幸福限定在人的根本的总体的需要得到某种程度的满足上。人的根本的总体的需要，就是人在世界上生存、发展和享受的需要。

二是如何理解"某种程度的满足"。即便是人生存、发展和享受的需要也不可能得到完全的满足。如果把幸福看作是人生存、发展和享受的需要得到完全的满足，现实世界就不会有幸福，幸福只会存在于天国。"某种程度的满足"就是既肯定人生存、发展和享受的需要不可能得到完全满足，同时又强调必须达到一定程度的满足。这种程度就是：生存需要必须得到充分满足，发展需要得到一定程度的满足，而且有进一步满足的可能。这三方面都是必要的。一个人的生存需要得不到充分满足，他就不得不为生存奔波。这种成天为生存操劳的生活不能说是幸福生活。另一方面，如果生存需要能得到充分满足，但到此为止，饱食终日，无所用心，这种生活会使人感到厌倦、无聊、空虚，也谈不上幸福。真正的幸福不等于生存需要的满足，而是在生存需要得到充分满足的同时，发展需要也得到一定程度的满足，尤其重要的是，有可能得到进一步的满足，包括有更高的追求及其实现的条件。

三是如何理解"愉悦状态"。幸福并不就是满足，而是由满足所产生的一种愉悦状态。这种状态可以说是一种满意的状态。满足与满意这两种状态的区别是显而易见的。满意的愉悦状态不仅要求需要得到较好的满足，而且要求满足后能引起美好的感觉。但是，人的一生不可能每时每刻都处于满意或愉悦状态。即使是最幸福的人，生活中也会经常产生或遇到烦恼甚至痛苦。我们应该看到，作为幸福的那种愉悦状态，是就生活总体而言的，就是说生存、发展和享受需要从总体上看得到了满足。这种满足达到了这样的程度，即在生活中出现某种烦恼或痛苦时，只要一想到自己生活总体上是令人满意的，就能从容对待并缓释烦恼或痛苦。

幸福包括两方面的因素：客观因素和主观因素。幸福的客观因素在于，人生存需要能够获得充分满足、发展需要能够获得一定程度满足并有可能得到进一步满足。这三方面都是必要的，它们是幸福的决定性因素，是使人对生活总体上感到满意的客观基础，是赋予生活以幸福性质的价值源泉。具备了这三方面的客观因素，一个人就获得了幸福所需要的前提，他的生活才总体上看是好的，他也才有可能是幸福的。不具备幸福的客观因素，即使一个人感到幸福，他也不是真正幸福的。但是，一个人的生活具备了幸福的客观因素，或者说一个人客观上过上了好生活，并不一定就会感到幸福。这就涉及幸福的主观因素，即幸福的感受或幸福感。

所谓幸福感，就是对自己客观上已过上好生活的状态进行反思和回味所产生的愉悦感。幸福感是幸福所必不可少的主观因素，有了幸福感，意味着生活客观的好性质已经为个人意识到、感受到。幸福是人对生活总体上感到满意的价值性质，其主观条件是人对生活的反思和回味，即自己思考和体会自己正在过的生活。只有当一个人去反思和回味时，他才会发现和感受到这种性质，并使这种客观上的好生活转变成个人主观的感受，即愉悦感。如果这种客观上的好生活不经过反思和回味转变成个人的主观感受，客观上的好生活对于一个人来说就是外在的，没有变成对于他而言的幸福生活。他也因为没有意识到和感受到这种客观上的好生活而不是幸福的,就会发生人们常说的"身在福中不知福"问题。因此,幸福感对于个人幸福来说是至关重要的。没有幸福感,即使一个人拥有了整个世界,或者他的一切欲望都得到了满足,他也肯定不会是幸福的。

由此看来,幸福感产生需要具备两个条件:一是客观上过上了好生活;二是要对这种生活有反思和回味。一般来说,一个人只有客观上过上了好生活,同时又有对这种生活的反思和回味,并由此产生了幸福感,他的生活才是真正幸福的,他才真正过上了幸福生活。现实生活中有不少人将幸福与幸福感、真实幸福感与虚假幸福感相混淆,将虚假幸福感等同于真实幸福感,将幸福感等同于幸福,从而对幸福发生误解。他们或者以为幸福完全是个人的主观感受或精神状态;或者以为幸福完全在于外在的客观条件。这种混淆和误解在实践上很有害,严重妨碍了人们对幸福的正确追求。

2. 幸福与快乐的区别

幸福和快乐都可以使人产生愉悦感,人们很容易将两者混淆起来,但这两种愉悦感是有重要区别的。

快乐也是需要特别是欲望得到满足时所产生的愉悦状态,也是满意感。而且这种满意感常常是在强烈欲望得到满足时产生的,往往比幸福所产生的满意感强度更大。因此,不仅常人,而且也有不少思想家把快乐等同于幸福。快乐可以是由物质性的或生理性的需要或欲望引起的(如一顿美味佳肴引起的痛快感),也可以是由精神性的或心理性的需要或欲望引起的(如一场轻歌曼舞引起的惬意感)。因此,有的思想家把生理性的快乐理解为幸福,有的把心理性的快乐理解为幸福,有的则同时强调这两个方面,认为幸福既包括生理性的快乐,也包括心理性的快乐。

毫无疑问，快乐应当属于幸福的范畴。生活没有快乐，即便不总是充满痛苦，那种一切都平淡无奇的生活，恐怕也不能说是幸福生活。文艺复兴时期的人文主义者爱拉斯谟曾说过这样两句话："如果你把生活中的欢乐去掉，那么，生活还成为什么呢？它还配得上称作生活么？""如果没有欢乐，也就是说没有疯狂来调剂，生活中哪时哪刻不是悲哀的、烦闷的、不愉快的、无聊的、不可忍受的？"这两句话虽然有些极端，但却道出了生活的某种真谛。

然而，快乐并不等于幸福。两者之间至少存在着以下六点不同：

第一，快乐是由某种具体的需要或欲望得到满足所产生的愉悦感，而幸福则是由那种根本性的、总体性的需要得到某种满足所产生的愉悦感。例如，"久旱逢甘雨""他乡遇故知"所产生的愉悦感通常是快乐，而不一定是幸福；而"洞房花烛夜""金榜题名时"所产生的愉悦感，就既是快乐，也是幸福，至少可能产生幸福。

第二，人的所有需要和欲望都能引起快乐，只要它们能得到满足。而事实表明，人的需要和欲望可能是正常的，也可能是不正常的，可能是健康的，也可能是病态的，可能是合适的，也可能是不合适的。所以，快乐总存在着是否正常和健康的问题。那些不正常、不健康、不合适的快乐可能是不利于人的生存和发展的，也可能是不利于社会秩序的。例如吸毒所引起的快乐就是如此。与快乐不同，引起幸福的需要是人的根本的总体的需要，这种需要对于人的生存和发展来说总是正常和健康的，而且也是与社会发展的根本要求相一致的。只有这种需要的满足引起的愉悦感才能称得上幸福。例如，事业成功所引起的愉悦感就是如此。

第三，追求快乐是人趋乐避苦本性的自然倾向，这种追求可以经过理性的选择，也可以不经过理性的选择。因此，对快乐的追求和快乐的获得往往具有自发性。对幸福的追求则不是人的自然本性的自然倾向，而是经过人的理性思考和选择所确定的，是教育影响和社会濡化的结果，也可以说是人的社会本性的客观要求。现实中有许多事例表明，许多追求幸福的行为是与趋乐避苦的自然倾向背道而驰的。例如，学生上学读书就是如此。读书是一件十分艰辛而又旷日持久的苦差事。按照学生天性的自然倾向，也许没有多少人愿意读书。可是，现实生活中实际情形并非如此。学生们不是怕读书，而是怕读不成书。很多人明知生活将十分困苦，还要奋力报考硕士、博士研究生。这有力地说明了追求幸福与追求快乐的差异，说明了理性选择对于追求幸福的意义。

第四，以人趋乐避苦的自然倾向为基础的快乐具有很大的盲目性：只重满足，不问方式，只问目的，不问手段。道德的、合法的满足可以引起快乐，不道德的、不合法的满足也能引起快乐。因此，快乐本身并不就是善的。幸福则不同，它是以人根本的和总体的需要的满足为基础的。人根本的总体的需要本身必须包含道德、法律方面的要求，达到这种要求是满足这种需要的应有之义。因此，幸福本身就应该是善的。就是说，对幸福的追求包含着对高尚德性的追求，追求幸福的过程是一个合德、合法、合理的过程。

第五，由于快乐总是由某种具体的需要或欲望得到满足所引起的，因而它总是即时的，间断的，来得快，去得也快。也因为如此，一个人的生活不可能总是充满快乐，如果有可能享受不间断的快乐，人的心理也承受不了。所以，快乐只能作为生活的调剂，而不能作为生活本身。幸福则由于是由人的根本需要和总体需要得到某种满足所引起的，因而是持久的、连续的、深沉的，来之不易，去之也不易。所以，幸福是一种生活状态，一种生活过程，一种生活本身。幸福中包含某种高峰经验或巅峰体验，但这种状态的出现往往是长期追求的结果。中国古代所谓的"金榜题名时"所引起的高峰体验就是如此。

第六，快乐产生的自发性、一事性、即时性，说明它的产生并不完全取决于一个人生活的外部条件和生存环境，而幸福的产生不仅在于某种需要的满足，还在很大程度上取决于生存的环境和条件。假如一个人在事业上取得了巨大的成功，他当时一定会产生快感，可是这时他的家庭生活并不和谐，时常为夫妻关系而苦恼，他也很可能仍然感到不幸福，而且事实上也不幸福。又比如，在现代社会条件下，如果一个人在专制统治之下过着富有而又舒适的生活，那么他或她的生活不可能是幸福的，只能说偶尔有些快乐。

从理论上看，快乐与幸福之间的区别是明显的，但在实际生活中两者之间的区别并不那么明显。两者都是令人愉悦的状态，不加以理性的思考和选择，就无法辨识它们。更重要的是，快乐较之幸福更容易获得，其刺激性更强，而且快乐本身也不都是消极的，在很多场合是值得追求的，因而在没有理性作用的情况下，人们更倾向于追求快乐。但是，对两者的区别有清醒的认识，对于人的生活是极为重要的。这是因为：

首先，有助于选择和确立正确的终极价值追求。人应该为自己选择和确立正确的终极价值目标，只能是幸福，而不能是快乐。以幸福为终极价值目标，一方面可以通过追求使人获得持续的愉悦感，过上令人满意的生活。同时，这种感受和生活是在追求更好的生存和发展的过程中，并通过这个过程实现的。在这里，享受人生是与生存和发展以及实现自我和超越自我有机统一的，是同一过程的两个方面。以快乐为终极目标则不同，追求它固然也能给人带来愉悦感，但这种愉悦感由于是以满足每一具体的需要或欲望为前提的，因而是断续的。

一旦需要或欲望得到满足或者没有新的需要或欲望产生就会感到痛苦或空虚。而且每一种具体的需要和欲望的满足并不是以更好的生存和发展为指向的，非但不利于生存和发展，反而常常妨碍甚至有害于生存和发展。事实也表明了这一点。在现代社会，一些以快乐或享受为人生唯一追求的人，除了欲望满足那一刻的快乐外，绝大多数时间所获得的是空虚无聊。然而，要选择和确立幸福作为终极价值目标，首先必须弄清楚幸福与快乐的区别。

其次，有助于有选择和有节制地追求快乐，以丰富人生，增添人生的乐趣，从而更好地享受人生。前面已经提到，快乐给人带来的愉悦、快感的强度通常比幸福更大，而快乐的强度又常常是与刺激的强度相联系的。追求快乐就会追求刺激，追求刺激又会带来更大的快乐。这种刺激和快乐并不总是对人生有害的，只要有节度、有限制，相反还可以给人生带来意想不到的乐趣。而在这里，节度和限制的正确把握，必须以对幸福和快乐的区别为前提，这样才有可能做到把刺激和快乐纳入人生幸福的总体范围。

3. 幸福生活的基本领域

在现代社会，个人的生活丰富多彩，但大致上可以划分为四个主要领域，即家庭生活、学校生活、职业生活和个性生活。如果我们把幸福生活理解为个人的好生活，那么幸福生活就意味着有好的家庭生活、好的学校生活、好的职业生活和好的个性生活，这四个领域也就是幸福生活的主要领域。伴随着义务教育制度的普遍实行，几乎所有人都有学校生活，只是有的人学校生活时间很长，如果从幼儿园算起到博士后流动站流出，在学校时间最长的多达二十七年。学校生活不仅是个人生活的组成部分，而且会对其他生活产生重要影响。学校生活在人一辈子中的时间相对较短，但其状况如何也关系到人的幸福，好的学校生活使人幸福并奋发努力，而坏的学校生活则使人痛苦甚至终生厌学。

在现代社会，每个人都生活在家庭之中，即使是单身家庭的个人，也有家庭生活，而且一般也会在一生中的某个时段在多人家庭中生活过。家庭是个人生活的重要组成部分，家庭生活不好，就不能说一个人的生活好。那么，家庭生活好的标准是什么呢？和睦的家庭生活就是好的家庭。所谓和睦，就是相处融洽友爱。和睦的家庭生活就是以其核心成员（夫妻子女）健全齐备为前提的成员之间融洽相处、互帮互助、相亲相爱的家庭生活。和睦的家庭生活除了其核心成员健全齐备，还有五种标志：（1）自由感，在人生活的所有领域中，这里是最自由、最宽松的，可以无拘无束地思想、谈论、生活，能使人在这里真正放松；（2）舒适感，家庭环境优雅温馨，自然和谐，回到家就会感到生活安乐，心情舒畅，使人得到休养生息；（3）温情感，没有竞争，没有利害关系，充满温暖和关怀，富有情调；（4）惬意感，各种需要只要可能就能得到尽情满足并有美好的感觉；（5）眷恋感，对自己的家庭有深情的眷恋，有回家的渴望，觉得自己的家庭是最适合自己的，有心使它更美好，而不忍心破坏它。这五个方面也可以说是家庭生活和睦的五种体现。我们可以根据这五个方面来衡量自己的家庭生活是否和睦。

职业是现代人重要的生活领域，一个正常人一般都有职业生活。现代职业不只是个人谋生的手段，而且是个人自我实现的主要途径，特别是个人聪明才智发挥的主要途径。因此，职业生活的状况如何直接关系到人是否幸福。好的职业生活使人幸福，而坏的职业生活使人不幸。在现代社会，职业生活的好也有一个标准，这就是成功。所谓职业成功，就是个人获得了理想的职业并达到了职业角色所期待的结果。职业成功首先意味着有理想的职业。理想的职业并不等于高层次的职业，以高层次的职业为理想职业是误区，实际上理想的职业是适合自己的素质、能力和技能的职业。人们在选择职业时可能有一定盲目性，但可以通过适应职业或调换职业来使自己与职业相匹配。盲目追求职业的高层次是导致许多人职业不成功的根本原因。一个卓有成就的科学家却谋求成为政府官员，当他谋取了政府高官后，却成了一个十分蹩脚的官员。职业成功更意味着圆满实现了职业角色的期待，或者说做到了尽职尽责。职业成功与职业成就不同，职业成就是指在职业方面有所建树，取得突出成就，而职业成功是指实现了职业的预期。取得了突出的成就当然算职业成功，但职业成功并不仅仅指职业成就。许多职业是不可能取得突出成就的，如果我们将职业生活成功理解为取得职业成就，那么从事不可能取得突出职业成就的人就都不会有成功感，不会有职业生活幸福感。

当代社会是日益个性化的社会，人们追求个人的独特性，每一个人都希望有一块自主的私人空间，有自己的个性生活。个性生活是个人满足自己兴趣爱好的生活领域。个人的个性生活已经成为个人生活的一个重要领域。个性生活也存在着好不好的问题，好的个性生活已经成为好生活的重要组成部分。好的个性生活有两条标准：一是健康，二是丰富。所谓健康，就是生理心理情况正常，没有缺陷和病变。健康的个性生活就是个人的个性活动有益于身心健康和愉悦，可以丰富生活内容、增加生活乐趣和提高生活品位，而没有怪癖和病态，无伤社会风化。所谓丰富，就是多样化。丰富的个性生活就是个人的兴趣爱好以及休闲生活丰富多彩，不空缺，不单调。个性生活健康丰富的前提是个性健康。所谓个性健康是指个性是正常的，完整的，协调一致、前后一贯的，个性的各个要素没有缺损和障碍，不存在变形、扭曲、冲突、异化的情况。个性健康指一个人是全面整体的人，具有统一持久的自我。因此，个性健康是与人格健全相一致的。有个性健康才有健康的个性生活，但是，个性健康并不意味着个性生活健康，更不意味着个性生活丰富。

如果我们把好生活理解为和睦的家庭生活、成功的职业生活和健康而丰富的个性生活，那么就出现一个问题：是这三个方面都具备才算是好生活，还是只要具备其中的一个方面或两个方面就算是好生活？按照亚里士多德的观点，幸福应该是自足的，完满的。亚里士多德的观点是正确的。生活虽然可以划分为不同的领域，但生活是一个整体，作为幸福的好生活也应该是生活整体上是好的，没有不好的部分，更不能有坏的部分。从这个角度看，只有家庭生活、职业生活和个性生活都好才能是好的生活。在现实生活中我们也可以观察到，一个人家庭生活、职业生活和个性生活任何一个方面存在问题，他都不会感到幸福。我们也许见过不少这样的官员和企业家，他们的职业不只是成功，而且卓有成就，但是他们的小孩因为缺乏家庭教育而不成器，家庭因为孩子而争吵不已。显然，这些官员和企业家的生活是不幸福的。我国个性生活还处于兴起的时期，个性生活在整个生活中的地位不太突出。不少人没有多少个性生活，但他们的职业生活和家庭生活相当好，这些人大致上可以说是幸福的。不过，个性生活不能存在问题，如果一个人个性怪僻或有疾病，即使有较好的家庭生活和职业生活，也不幸福，而且个性生活有问题，也难得有好的家庭生活和职业生活。

一般来说，只有成年人才有完整的生活，才同时有家庭生活、职业生活和个性生活，而儿童和老人一般来说至少没有职业生活。儿童没有职业生活而只要有好的家庭生活和个性生活，同样是幸福的。

亚里士多德认为孩子因没有合乎德性的现实活动而不能说他们是幸福的，这种观点值得讨论，我们不能因为孩子没有职业生活而否认孩子可能有幸福。虽然孩子没有职业生活，但他们的生活是完整的，只要他们的完整生活是好的，他们就是幸福的。没有职业生活的老人一般曾经有过职业生活，过去的职业生活对他们后来的生活会有影响。如果他们尽可能地不受这种影响，使他们的老年的完整生活成为好的，他们就是幸福的。

以上所说的好的家庭生活、职业生活和个性生活都是就最完美的状态而言的；实际生活的情形很复杂，不少人的客观条件决定了他不可能达到这种状态。例如，一个孩子生活在有缺陷的单亲家庭，他无法具备完整的家庭结构。在这种情况下，他的家庭生活不可能达到最好。但是，他的生活还是可以达到尽可能地好，而且其他领域的生活可以达到完善。由于一些客观条件的限制，有些人不能达到完美的生活状态，但这并不能断定他不能过上幸福生活，更不能断定他的生活就一定是不幸的。他们的生活只是存在一些缺憾，这种缺憾有的也许不能弥补，但还是可以使生活过得尽可能地好，在可能的限度内达到最大的幸福。

4. 幸福实现的条件

幸福作为一种好生活状态，不是与生俱来的，而是人通过努力获得的。也就是说，幸福是有条件的，达到这种生活状态需要具备或满足一定的条件，包括主观条件和客观条件。

网上有这样一个帖子，说：人们总是把幸福解读为"有"，有车，有房，有钱，有权；但幸福其实是"无"，无忧，无虑，无病，无灾。有，多半是做给别人看的；无，才是你自己的。其实，这里所说的"无"并不是幸福的实质内涵，而是幸福的必要条件。只有无忧、无虑、无病、无灾，人才有可能有幸福，但并不就是幸福，现实中许多人具备这里所说的"无"，但他们并不感到幸福，也不真正幸福。当然，有些人有这里所说的某种甚至几种祸患，但能够勇敢地面对，调整心态，并努力使之朝好的方向转。如此，也能够程度不同地化不幸为幸福，尽管幸福的质量会受到影响。这里要强调的是，幸福不仅要具备这些否定性的消极底线条件，而且要创造一些肯定性的积极充分条件。一个人只有具备了这些条件才可能获得幸福。

一般而言，如果说幸福就是好生活，那么，好生活需要好人格和好社会。好人格和好社会就是幸福的主要条件。

自古以来，人格完善一直被作为人生的理想，在不少的民族、国家的某些历史时期，人格完善对于人生的意义甚至比幸福更重要，中国传统社会就是如此。直到今天，还有不少学者将人格完善作为人生的终极追求。人格完善是人生幸福的一个基本方面，即主观条件。如果将人生幸福看作是由内在要素和外在要素两大方面构成的，那么完善的人格就是人生幸福的内在要素的总体结构。这一结构对人生幸福具有决定性意义，因而也可以说是人生幸福所需要的主观条件。当一个人形成了完善的人格，并具备必要的外部条件，他就是幸福的。人格完善之人，亦即"完善之人"，只要具备适当外在条件，就是幸福之人。

人格完善作为人生幸福的主观条件可以从两种意义上看。在一种意义上，一个人格完善的人具备了获得幸福的素质。人要获得幸福必须具备一定的条件，如社会条件、家庭条件、职业条件等，就个人本身而言，最重要的是个人的素质条件。个人素质如何不仅直接规定着个人幸福的广度和深度，还对家庭条件、职业条件有直接影响。[1] 人

---

[1] 参见江畅：《理论伦理学》，湖北人民出版社2000年版，第110—113页。

格就是人的综合素质。人格是否完善，意味着综合素质是否完善，人格越完善，人的综合素质越高。人格完善使一个人的人生幸福建立在高层次的起点上和广阔的平台上。在另一种意义上，一个人格完善的人具备了获得幸福的能力。人格完善指人格的各种构成要素及其结构是健康的、完整的、道德的，是协调一致、前后一贯的，而且整体上达到了高层次，个性特色鲜明，具有很强的自我调适能力、自我塑造能力和自我完善能力。这种能力是获得和享受幸福生活的能力。一个人人格越完善，自我调适、自我塑造和自我完善的能力越强，获得和享受幸福的能力就越强。从上述两种意义上看，人格完善是一个人过上幸福生活的充分主观条件。一般来说，个人生活的幸福是与个人人格的完善成正比的。

人格完善的意义不只是在于它是获得幸福的充分主观条件，还在于它是幸福感的重要源泉。人格完善的人具有人格魅力，一个人的人格越完善、越高尚，他的人格越有魅力。人格魅力是由人格高尚、人格完善所产生的吸引他人并令他人倾慕、崇敬、赞美的力量。对于具有人格魅力的人来说，人格魅力的意义主要在于，它使他感到自己不仅得到了他人的认同和尊重，而且得到了他人的倾慕、崇敬、赞美，感到自己的价值得到了实现和公认，从而在心理上得到极大的满足。这是一种比占有财富、金钱、权力、地位等资源更得到他人认同、更得到自我肯定的满足感。这种满足感是一种有高度、有深度的持久幸福感。因此，具有人格魅力是一个人产生不可替代的高质量幸福感的源泉。

不过，人格完善的人还只是具备了幸福生活的主观条件，并不一定就会过上幸福生活。因为人的幸福生活受诸多外在条件的影响，而这些条件并不是每一个人所能完全控制的，即使具有很强生存能力的人格完善之人也是如此。例如，在一种不公平的社会，一个人格高尚的人不仅得不到应有的幸福所需要的客观条件，他的状况甚至比那些人格低劣的人更遭。这也就是康德所感受到的"有德者未必有福，有福者实多恶徒"的情形。正是因为这个缘故，不少伦理学家将人格完善或道德完善作为人生的追求，而不是将幸福作为人生追求。但是，我们不能因为在人类历史上出现过人格高尚的人过不上幸福生活而动摇幸福是人生的终极目的的信念。在确定幸福是人生的终极目的的前提下，社会一方面要倡导人们普遍追求人格完善，另一方面要努力营造使人格完善之人享受幸福生活的社会条件。这种社会条件就是人格状况与幸福程度相匹配的、以社会公正为基础的和谐社会。在这种社会，人格普遍完善与社会普遍公正是相互促进的。

在一个社会中，没有好社会这一条件，任何个人都不可能真正获得幸福。幸福生活是社会性的，只有社会给每一个社会成员提供了幸福所必具的条件，社会成员才有可能获得幸福，社会也才会是幸福美好的社会。实际上，社会环境还会对人们的人格完善状况产生影响。社会成员是否普遍追求人格完善、人格能否尽可能地达到完善，与社会条件直接相关。一个社会的条件有利于其成员全面而自由发展，这个社会里的人们就都会注重和追求人格完善；相反，一个社会的条件不利于其成员全面而自由发展，其成员就不仅不重视人格完善，相反还会出现各种人格问题。同时，人格完善还需要引导和教化，一个社会越是注重引导和教化，人们越有可能重视人格完善。当然，这种引导和教化必须有相应的社会条件与之配套，否则就会流于说教，引起人们的反感。

幸福需要具备许多社会条件，概括起来主要有五个方面：

一是要具备所有社会成员的潜能都能得到尽可能充分开发所需要

的社会条件。这方面的条件主要在于社会的教育特别是学校教育状况。一个社会的适龄成员入学率越高、受学校教育的程度越高，越有助于社会成员潜能的充分开发。要使其成员能够全面而自由发展，社会首先必须大力发展教育事业，使其成员普遍受到充分而适宜的教育，从而真正具备充分实现人生幸福和自我价值现实的可能性。

二是要具备所有社会成员开发出来的能力都能得到尽可能充分发挥所需要的社会条件。这涉及的是就业状况。一个社会的成员就业越充分、职业越是与个人开发出来的能力相适应，越有助于社会成员能力的充分发挥。要使其成员能够全面而自由发展，社会必须给每一个人提供充分实现自我价值的就业机会，使他们有创造性地发挥聪明才智的机会和舞台，并通过聪明才智的发挥获得职业成功感或成就感。

三是要具备所有社会成员的生存需要能得到尽可以充分满足的社会条件。这涉及的是社会成员的生存保障问题。一个社会给所有社会成员（无论他们是否从事职业）提供的基本生活保障越充分，越是有助于社会成员的生存需要获得满足。要使其成员能够全面而自由发展，社会还必须建立良好的生存保障机制，充满人情关怀，使人们在追求成功的过程中无后顾之忧，对生老病死以及意外伤害无所恐惧，能够从容地面对生活。

四是要具备所有社会成员的发展需要有得到满足的可能需要的条件。发展需要主要是人自我实现的需要。社会不可能给每一个社会成员提供发展需要满足的一切条件，但可以为他们的发展需要的满足提供充分而又公平的基础和机会。一个社会给其成员在这方面提供的基础越坚实、机会越多，越是有助于他们的发展需要获得满足，他们越有可能获得全面而自由的发展。

五是要具备所有社会成员都有安全感、获得感、公正感、认同感等美好感受所需要的社会条件。一个好的社会要能够使社会成员普遍感到：自己是自由的，不受任何奴役、压迫、剥削和强制；自己有和其他社会成员同样的人格、尊严、权利、机会，不受歧视和侮辱；自己在生活的各个方面受到公正的待遇，没有社会不公感；自己是社会和国家的主人，有参政议政的权利和机会；自己生活的环境是安全的、稳定的、有序的，人与人之间相互尊重、相互信任、相互合作、相互友爱。需要指出的是，社会成员的这些感受不是凭空产生的，而必须有事实根据，只有社会环境真正是自由、平等、公正、民主和和谐的，社会成员才可能普遍产生安全感、获得感、公正感、认同感等美好感受。

这五个方面的条件都有底线要求和理想状况。一般来说，社会成员要普遍获得幸福必须所有这些方面都达到底线要求，而这些条件越是接近理想状况，越是有利于社会成员普遍获得幸福。而且，这些社会条件是一个相互关联的完整系统，其中的基本要素缺一不可，否则人们的幸福就可能是有局限的或者是受强制的。

5. 幸福的脆弱性

美国著名哲学家、伦理学家、女性主义思想家玛撒·纳斯鲍姆（Martha Craven Nussbaum, 1947– ）写了一本著名的著作《善的脆弱性》。在这本书中，她通过对古希腊悲剧和柏拉图、亚里士多德伦理思想的深入细致考察，揭示了人性的复杂性和多样性，并据此反思当代道德哲学以及道德实践和政治实践，特别是通过深刻阐发包含在希腊古典文献中运气对人类好生活具有深刻影响的思想，揭示了人类好生活（幸福）的脆弱性。纳斯鲍姆指出，"善的脆弱性"中所说的"善"是指"人类的善"而不是指"品质的善"，是指好生活（幸福）意义上的善。纳斯鲍姆以古希腊的悲剧和柏拉图、亚里士多德的著作为文本考虑这样一个中心问题，即：人类容易受到各种运气的影响，在悲剧诗人、柏拉图和亚里士多德的伦理思想中,这种影响究竟起到了什么作用?纳斯鲍姆指出,她虽然关心的是运气在好(善)品质的形成中的作用,但关注的焦点是做一个好人和过一种幸福生活之间的差距。如果说这里的"好人"是指一个人具有好品质,具有德性,而德性也受运气影响的话,那么所说的这种"幸福生活"虽然包含了德性活动,但并非仅仅如此,还包括那些更受运气影响的东西。

纳斯鲍姆认为,运气会在许多方面影响我们获得满足感,而且影响人的德性品质(aretê,古希腊意义的德性,本意为"优秀")。仅就运气影响人的作为幸福实质内涵的德性品质而言,有三个问题是我们需要关注的核心问题。

其一,关注那些在本质上尤其经受不住命运逆转打击的活动和各种关系在人类好生活中所起的作用。一个理性的人类生活计划多少要容纳一些外在因素或外在善,如友谊、爱情、政治活动、财产和财富等。由于这些因素本身就是脆弱的,如果一个人全身心地依赖这些因素,他就完完全全在碰运气。这些外在因素"不仅仅是好生活的必要手段,而且,如果我们足够重视其价值,它们也可以成为目的本身;而一旦缺乏这些外在的善,我们可能就不仅仅是被剥夺了外在资源,而且也被剥夺了内在价值本身和生活本身"[1]。如果这样,我们就要赋予这些外在善以价值,把它们包括在一个理性的人生计划之中。

其二,关注与什么是好生活的个人要素密切相关的那些组成部分的关系。生活中的与个人要素密切相关的那些组成部分是和谐共处还是相互冲突,关系到促进还是破坏人类好生活。如果我们对一些活动

---

[1] [美]纳斯鲍姆:《善的脆弱性:古希腊悲剧和哲学中的运气与伦理》,徐向东、陆萌译,凤凰出版集团译林出版社2007年版,第8—9页。

感兴趣，并赋予它们各自以内在的价值，那就总会有一种风险存在，因为在一些情况下，这些活动是互不相容的，我们不得不放弃其中的一些活动。在纳斯鲍姆看来，我们的价值框架越丰富，我们越有可能要面对这种可能性，但是，生活如果缺少了这些可能性，又会变得极其贫乏无趣。因此，只有使生活不受环境左右，而总是在我们的掌握之中，我们的活动才会减少相互冲突的可能。而且只有我们采取理性的策略来使冲突最小化，某些重要的价值，从单个来看，其脆弱性就会大大降低。显然，这就意味着要牺牲我们生活的丰富性。

上述两个问题都涉及"外在的偶然性"问题。这种"外在的偶然性"在于外在世界赋予我们的境遇，以及那些虽然来自我们自身，却与外界相连的价值系统。纳斯鲍姆认为这是我们首先要关注的问题。

其三，关注好生活的自足性与我们所不能控制的人的内部结构的关系。一些哲学家认为人的灵魂存在着非理性的部分，如欲望、感觉和情感等。那么，这些"灵魂的非理性"部分究竟具有什么样的伦理价值？我们身体和感官的本性，决定了我们的激情以及对性的追求都强有力地使我们与无常和危险的世界相联结。由于其内在的结构，与身体需要密切相关的行为，不仅自身就是无常和多变的例证，而且它们把我们与瞬间即逝的世界紧紧地联系起来，在某种意义上说，也就是与失落的危机和冲突的危险联系在一起。如果有人把价值赋予欲望和与情感相连的行为，那么他也就因此要依赖外界的资源和外界的人，才有继续行善的可能性。但是，这些"非理性"的牵牵挂挂比其他的东西更有可能带来实际的冲突，甚至导致德行上的堕落。即使我们并不赋予激情活动本身以价值，但激情还是会阻碍和破坏人的理性生活计划，是造成我们判断失误、无常和懦弱的根源。对于这些激情行为哪怕只要有一点点的鼓励，都会使我们陷于混乱和"癫狂"之中。

纳斯鲍姆认为，古希腊人独具一格而又恰如其分地把这些伦理问题与理性的程序、能力和限度密切地联系起来。在她看来，古希腊伦理思想有一个一贯的主题，即人类的好生活依赖人类所不能控制的某些东西。它通过理性寻求好生活的自足性及其限制，这些限制包括：好生活的脆弱因素，价值的偶然冲突，人的个性中不受管理的因素。

纳斯鲍姆这是在告诉我们，好生活是自足的，具有至善性、完善性、圆满性，正因为如此，它就十分脆弱，不精心呵护就会遭到破坏。在她看来，古希腊人已经清醒地意识到了这一点，然而被当代人所忽视。实际上，中国古代先哲对此不仅有清醒的意识，而且还深刻阐述了福祸之间的辩证关系。根据中国传统幸福观，福与祸相对立，而且可能发生相互转化。因此，求福必须避祸，促进祸向福转化，防范福向祸逆转。

中国古籍《尚书·洪范》在提出"五福"的同时，提出了"六极"：一曰凶、短、折（"遇凶而横夭性命也"），二曰疾（"常抱疾病"），三曰忧（"常多忧"），四曰贫（"困乏于财"），五曰恶（"貌状丑陋"），六曰弱（"志力尪劣也"）。唐代著名经学家孔颖达称"六极谓穷极恶事"[1]，后人相对于"福"称"极"为"祸"。与"五福"是一个整体不同，"六极"是作为整体的生活的某一个方面发生了问题，而其中任何一个方面都足以损害或破坏作为整体的生活的幸福。上述六种祸患都会破坏幸福，因而幸福是相当脆弱的，需要精心呵护。

传统文化中还有"福无双至，祸不单行"的说法。这种说法是告

---

[1]（清）阮元校刻《十三经注疏·尚书正义》，中华书局1980年版，第193页。

诫人们，福是一点一点地积累起来的，不可能出现"双至"的情形，而祸患常常有"扎堆"的效应。例如，一个人身患重病，他就身体虚弱，家庭就有可能因病致贫，他本人还有可能夭折短寿。不过，祸也不完全是消极的，人有可能因为陷入祸患而奋发努力克服祸患从而获得幸福。

老子最清楚地意识到这一点，他所说的"祸兮福之所倚，福兮祸之所伏"（《老子》五十八章），就是对这种福祸可能相互转化的经典表达。《韩非子·解老》对老子的这一思想做了精到的阐释。韩非子认为，人遇到灾祸时心里畏惧惶恐，心里畏惧惶恐行为就会端正，行为端正就会深思熟虑，深思熟虑就能明白事理。行为端正就没有祸害，可以得享天年而全寿，而明白事理则必定会成功，必定富贵。这就是幸福。"必成功则富与贵，全寿富贵之谓福。"所以说，幸福源于灾祸。而人有了福，富贵就会到来，富贵到来就有好衣好食，随之就会产生骄奢之心，进而会导致邪恶行为，举动就违背事理。行为邪恶会招致死亡，而举动违背事理则不会成功。内有死亡的危难，外又没有成功的名声，这就是大祸。所以说"祸本生于有福"。

在中国传统幸福观看来，人的福祸是善恶所致。孔颖达在对"五福""六极"所作的注疏中指出："五福六极，天实得为之而历言此者，以人生于世有此福极。为善致福，为恶致极。劝人君使行善也。"[1] 他这是在告诫人们，只有积德行善的人才会有福，而作恶犯奸之人则必遭祸患。在"五福"观正式提出之前，《尚书·汤诰》中就有"天道福善祸淫"的说法，意思是天道会赐福给善良的人而惩罚邪恶的人。春秋时期晋国政治家范文子对此有过经典的表达。他说："天道无

---

[1] （清）阮元校刻《十三经注疏·尚书正义》，中华书局1980年版，第193页。

亲，唯德是授。""夫德，福之基也，无德而福隆，犹无基而厚墉也，其坏也无日矣。"(《国语·晋语六》)他的意思是，天意并不特别亲近哪一个人，只授福给有德的人。德是福的基础，没有德而享的福太多，就好像地基没有打好，却在上面筑起高墙，不知道哪一天就倒塌了。

在复杂多变的现代社会生活中，出现各种祸患的可能性极大，如何有效防范各种祸患对幸福的破坏，在出现某种祸患的情况下如何努力使之朝着有利于增进幸福的方向转化，传统幸福观既提供了应特别加以防范的那些"穷极恶事"，也给予了如何对待福祸的方法论指导，充满了生活智慧。

二、永恒的话题与追求

历史文献记载表明，人类一进入文明社会，幸福就成为人们关注的问题，并开始成为人们追求的终极目的。人类文明社会的形态差异很大，但幸福一直都是人们谈论的话题，人们明确或隐含地、直接或间接地以幸福作为其终极目的。我们完全有理由预测，只要人类存在并有自我意识，就会一如既往地关注、谈论、追求并创造幸福。

1. 见仁见智的理解

美国实用主义哲学家和心理学家威廉·詹姆斯曾说："如果我们要问'人类主要关心的是什么？'我们应该能听到一种答案：'幸福'。"[1]但自古以来，无论是思想家（包括伦理学家）还是普通人

---

[1] William James, *The Varieties of Religious Experience*, New York: Modern Library, 1929, p.77.

对幸福有种种不同的理解，对幸福对于人生的意义也有种种不同的看法。人类一有了幸福意识，开始谈论和追求幸福，就对幸福有了不同的理解。可以说，一直到今天，人类远未在什么是幸福和如何获得幸福这两大幸福基本问题上形成完全的共识，在幸福问题上仍然见仁见智，人各不同，时各不同，同一个人在不同情况下的看法也不尽相同。

古希腊是各文明古国中幸福意识最早觉醒并且最为强烈的国度。幸福是古希腊人普遍关心的话题，人们对幸福有各种不同的理解。亚里士多德在《尼各马科伦理学》中对这种状况进行了这样的描述："关于幸福是什么是一个有争议的问题。大多数人和哲人们所提出的看法并不一样。一般人把幸福看作某种实在的或显而易见的东西，例如，快乐、财富、荣誉等等。不同的人认为是不同的东西，同一个人也经常把不同的东西当作是幸福。在生病的时候，他就把健康当作幸福，在贫穷的时候，他就把财富当作幸福；有一些人由于感到自己无知，会对那些宏大高远的理论感到惊羡，于是其中就有人认为，和这众多的善相并行，在它们之外，有另一个善自身存在着。它是这些善作为善的原因。"[1]

基督教最早的思想家奥古斯丁也清楚地意识到幸福问题本身的复杂性以及人们关于这个问题理解的杂呈性和矛盾性。人人知道幸福，如果能用一种共同的语言问他们是否愿意幸福，每一人都毫不犹豫地回答说："愿意。"假如这名词所代表的事物本身不存在他们的记忆之中，或者没有明确的概念，我们不会有如此肯定的愿望。如果问两个人是否愿意从军，可能一人答是，一人答否；但问两人是否愿意享

---

[1] [古希腊]亚里士多德：《尼各马科伦理学》，苗力田主编：《亚里士多德全集》第八卷，中国人民大学出版社1992年版，第6页。

受幸福，两人绝不犹豫，立即回答说：希望如此；而这人愿意从军，那人不愿从军，都是为了自己的幸福。就是说，这个人以此为乐，那个人以彼为乐，但两人愿意获得幸福是一致的。[1]人们追求有福的生活没有错。然而，如果一个人不遵循那引导到有福生活之道，那他就错了。其错误乃是由于我们追求一个并不能引导我们到所要去的地方之目标。他认为，每个人都想活得幸福，但并非每个人都想按那使幸福生活可能的唯一方式生活。[2]

古往今来，人们对幸福有如此多不同的看法，以至于德国著名哲学家康德曾发出这样的感慨："不幸的是：幸福的概念是如此模糊，以致虽然人人都在想得到它，但是，却谁也不能对自己所决意追求或选择的东西，说得清楚明白、条理一贯。"[3]

不过，康德的看法似乎过于悲观。从人类文明史看，虽然人们对幸福有着种种不同的观点，但也形成了不少共识。比如，亚里士多德虽然承认人们对幸福的看法因人、因时而异，但他也肯定人们有某种共识。他认为，这种共识就是："不论是一般大众，还是个别出人头地的人物都说：生活优裕，行为良好就是幸福。"[4]从亚里士多德的幸福思想来看，他是赞同人们这种共识的，他还在这种共识的基础上对幸福的内涵作了系统而深刻的阐发，建立起了完整的幸福主义目的论。实际上，那种认为人们对幸福的看法见仁见智的观点，只是一种

---

[1] [古罗马]奥古斯丁：《忏悔录》，周士良译，商务印书馆1963年版，第203-205页。
[2] [古罗马]奥古斯丁：《论三位一体》，周伟驰译，上海人民出版社2005年版，第342-343页。
[3] 康德：《道德形而上学基础》，见周辅成编：《西方伦理学名著选辑》（下卷），商务印书馆1987年版，第366页。
[4] [古希腊]亚里士多德：《尼各马科伦理学》，苗力田主编：《亚里士多德全集》第八卷，中国人民大学出版社1992年版，第6页。

感觉,并不是能够得到论证的严肃理论观点。这就如同吃的饮食人各不同、时各不同而它们都具有营养一样,人们对幸福的看法从理论上看也是具有深层次共识。

改革开放前中国人避讳谈幸福问题,"中国梦"的提出,将人民幸福写在了我们党和国家的旗帜上。近年来,人们广泛地谈论幸福,大胆地追求幸福,"幸福"成为当代中国最时尚的"关键词"。然而,不少人将幸福仅仅理解为个人的感受,似乎只要自己感觉到幸福那就是幸福,无所谓幸福的标准,当然也不可能在幸福问题上形成共识。那么,我国社会是否应该、是否能够在幸福问题上形成共识?回答是肯定的。这种共识就是作为社会主义核心价值观有机组成部分的幸福观,即马克思主义幸福观。假如十四亿多人不能在幸福问题上形成基本共识,我们怎么能够将人民幸福作为社会的共同目标去追求,怎么着眼于人民幸福去建设中国特色社会主义?"上下同欲者胜。""同欲"就是"认同"、就是"共识"。有幸福认同才有中国梦的真正实现。因此,我们需要在新的历史条件下弘扬和发展马克思主义幸福观,并努力使之得到普遍认同。

从伦理学的角度看,幸福就是好生活或善生活。伦理学家对"好生活"的理解虽然也存在着重大分歧,但其中有两种观点是占主导地位的:一是认为好生活在于人的欲望特别是物质欲望获得尽可能好的满足,因而好生活就是那种令人欲望的生活;二是把好生活理解为具有德性品质的生活,好生活即是那种令人钦佩或令人赞赏的生活。有当代伦理学家在总结伦理学关于好生活的不同主张时指出:"在一种意义上,'好生活'是指最值得欲望的或获得满足而感到快乐的那种生活。在另一种意义上,它指最值得过的或最有德性的生活。"[1]虽然这两种对好生活的看法仍然存在着意见分歧,但它告诉我们的不再是那种纷纭杂呈的状况,而只是两种侧重点不同的选择。

幸福是人的一种生活状态,当说一个人是幸福的时指的是他的生活是美好的。然而,人的生活是一个由要素和不同层次构成的复杂整体或系统。整个说来,这个系统的起点是需要,终点是需要的满足及其引起的享受状态。许多人缺乏享受意识,终点到生理需要得到满足就终止。按照美国人本主义心理学家马斯洛的观念,人的需要有生理需要、安全需要、归属需要、尊重需要和自我实现需要五个由低到高的层次,其中每一个层次又有不同的要素,如生理需要包括呼吸、水、食物、睡眠、生理、分泌、性等。所有这些需要得到适当满足,一个人才可能是幸福的。当一个人只看重某一种需要(比如可以满足生理需要甚至其他需要的金钱)的满足时,就有可能片面地认为这种需要得到满足就会感到幸福。按照马斯洛的看法,需要的层次越低,满足这种需要的愿望越强烈,也就越有可能认为如果这种需要得到满足就会感到幸福。例如,一个长期处于饥寒交迫状态的人必定会把丰衣足食视为幸福。由于人们在现实生活中常常会发生某种紧迫的需要急需得到满足的情况,因而就把这种需要的满足看作是幸福的。人们对于幸福之所以有各种不同的看法原因就在于此。

然而,人们因为某种紧迫需要而把这种需要的满足看作是幸福的看法是不对的,真正的幸福不在于某种需要的满足,而在于根本的、总体的需要得到适当的满足,体现为作为整体的生活达到良好的状态。

---

[1] Gordon Graham, *Eight Theories of Ethics*, London and New York: Routledge,p.98.

这就涉及人们的幸福观是零碎片面还是完整系统的问题。

2. 悠久的话题

我们说幸福是一个永恒的话题，是因为不仅今天人们普遍谈论幸福，而且人类进入文明社会以来就开始谈论幸福，幸福实质上是人的根本的总体需要或生存发展需要得到良好满足的状态，因而只要人类追求生存发展需要得到更好的满足，就会存在幸福问题，就会谈论幸福问题。这里我们以中国古代《尚书》《诗经》和古希腊的《荷马史诗》、古希伯来的《圣经》为例说明人类一进入文明社会就关心幸福问题，幸福就成为人们谈论的重要话题。

中国最早谈论幸福的人是夏朝开国国君大禹。据《尚书·洪范》记载，大禹得到天帝的传授而制定了"洪范九畴"，也就是九章统治大法。其中最后一畴即为"五福"，即"一曰寿，二曰富，三曰康宁，四曰攸好德，五曰考终命"。这里的"五福"并不是五种幸福，而是幸福的五个方面，就是说一个幸福的人是长寿、富贵、健康安宁、德性优良和善始善终。更值得注意的是，《尚书·洪范》中不是日常性地谈论"五福"，而是将它作为治理朝政的大法的一个组成部分，作为整体治理体系中的终极价值目标。可见当时的人们已经有了明确的幸福意识和追求幸福的愿望。夏朝是中国进入文明社会的第一个朝代，开国的时代为大约公元前2070年，距今已经有四千多年。

《诗经》是中国最早的一部诗歌总集，收集了西周初年至春秋中叶（前11世纪至前6世纪）的诗歌。《诗经》中有大量的诗歌谈论幸福，有研究发现，《诗经》中直接使用的"福"字就达53次之多。其中有一首标题为《樛木》的诗歌："南有樛木，葛藟累之。乐只君子，福履绥之。南有樛木，葛藟荒之。乐只君子，福履将之。南有樛木，葛藟萦之。乐只君子，福履成之。"这是一首祝贺新婚的民歌。

诗人先以葛藟缠绕樛木，比喻女子嫁给丈夫。然后为新郎祝福，希望他能有幸福、美满的生活。《诗经》内容丰富，反映了劳动与爱情、战争与徭役、压迫与反抗、风俗与婚姻、祭祖与宴会，甚至天象、地貌、动物、植物等方方面面，被喻为周代社会生活的一面镜子。《诗经》中有如此之多关于福的诗歌，可见早在周朝民间百姓已经广泛地谈论幸福了。

有"古希腊圣经"之称的《荷马史诗》，是古希腊乃至整个西方世界的第一部历史文献，被西方人视为最伟大的史诗。它虽然形成于公元前9世纪到公元前8世纪，但所反映的是公元前11世纪到公元前9世纪的"英雄时代"的迈锡尼文明和社会状况。《荷马史诗》大量谈及幸福问题。据不完全统计，虽然罗念生的中译本中"福"字只出现过13次，而从英译本看，含有"福"字意蕴的词汇大约出现过23次。"福"作为东方意蕴浓厚的词汇，鲜少以单独形式出现于远古时期的《荷马史诗》中，而是与其他语词共同组词。在《荷马史诗》中，对"福"的理解主要有三种形式：一是祝"福"类，如"赐福""有福"，一般实践主体皆为神祇。中文译本翻译为"永乐的天神"，但实际上从英语和古希腊语中可以看出含有"有福的天神"。在《荷马史诗》中，甚至于整个古希腊神话阶段，"福"都属于神明依据自己的喜恶爱憎等情感恩赐给凡人的命数。二是"福"气类，如"福佑""福祉""有福的"。这类的"福"主要是自然神明赋予凡人命运中的不可限定的气运，常常与"祸""不幸""命运"结合起来。拥有神明赐予的福气越多则意味着越幸福。三是世俗的"幸福"，表示一种完满和谐的状态。此类"幸福"常与"财富""富有"或"富裕"等物质财富词汇同时出现。财富在古希腊社会中意味着力量、地位与德性的高尚，一般是氏族贵族享有的权利，而对于古希腊人民来说，则是父母俱在、兄弟和乐的美满家庭生活，甚至也有类似于中国的"多子多福"观念。总体来说，《荷马史诗》的"福"是一种神明分管的古老运气范畴。受到神明喜爱的凡人，则福气越深，得到幸福的可能性也就越高，反之，受到神明憎恶与惩罚的凡人，则会丢失福气，成为不幸的人。

《圣经》是基督教的经典，其中的《旧约》部分原是犹太教的主要经典《塔纳赫》。《旧约》最初写于约公元前1500年，完成于约公元前500年，前后经历了约1000年，但它讲了上下四千年左右的历史，而《新约》跨度只有一百来年。《旧约》是讲希伯来人的历史和上帝耶和华的作为；《新约》是记载圣子耶稣基督的事迹、公元初期教会的发展、基督教的教义和关于末后的启示。这两部经典反映了古希伯来文化和社会状况，从中我们也可以看到所记述的社会非常重视幸福问题。在整个圣经中，"福"共出现过594次，如果包含各章节名，则有644处。其中《旧约》408处，多用作"赐福""祝福""蒙福"；《新约》236处，多用作"祝福""有福""福音"。总体上看，《圣经》的"福"有几种意义：一是福作为一种好东西被赐予，或被获得，有"赐福""得福""祝福""蒙福""有福""享福""降福"等用法。例如："我必叫你成为大国，我必赐福给你，叫你的名为大，你也叫别人得福。"（创12：2）这是上帝耶和华对亚伯兰（亚伯拉罕）说的话。二是在不同意义上使用"福"，有"福分""福乐""福气""福祉""福禄""福杯""福音""美福""洪福"等用法。例如："你以美福迎接他，把精金的冠冕戴在他头上。"（诗21：3）三是专门谈到"八福"，讲的是什么样的人会获得上帝的赐福，如："虚心的人有福了，因为天国是他们的"；"哀恸的人有福了，因为他们必得安慰""温柔的人有福了，因为他们必承受地土"（太5：3-11）等。

3. 人类追求的终极目的

人类之所以从文明开化之初就谈论幸福问题，是因为幸福是人类生存的终极目的。当人对此有所意识时，就会关注它。

与动物不同，人的一切活动都是有目的的。当人把目的作为追求的对象时，目的就成为人活动的指向或目标。在现实生活中，人们的目的各种各样，追求的目标也各不相同，但在所有这些各种各样的目的和目标背后，总有某种终极的东西发生着作用。它规定着所有目的或目标的选择和确定，同时又是所有目的或目标的最后指向和最高追求。这就是我们所谓的终极目的。

终极目的是就两种意义而言的。一是就根本意义而言。就是说所有其他的目的都是由这种终极目的派生的，最后又都指向这种终极目的。它既是根基，又是依归。二是就总体意义而言。就是说，所有其他的目的都从属于它，服从于它，服务于它。它既是全体，又是核心。无论是什么人，只要他健康正常，他都会把这种终极目的作为生活的指南，只不过有的人是自觉确立的，有的人是自发形成的，有的人意识到了，有的人没有意识到。正是因为终极目的在人的生活中具有如此重要的地位，所以以指导人生为己任的伦理学特别关注这个问题，并力求作出理论上的回答。

选择和确立终极目的的基础和范围是目的王国中的目的。目的王国中的目的众多而又有不同的层次，而且不同目的王国中的目的也不相同，这就给终极目的的选择和确立提供了各种可能。人们终极目的的选择和确立总是多元的，但是在人类历史和现实生活中，历来都存在着倾向性的定位。这种倾向性的定位可以从两个视角来观察：从纵向上看，传统社会和现代社会有不同的倾向性定位。在传统社会，道德常常被作为首选的终极目的，而在现代社会，道德正在让位于利益或享乐。从横向上看，中国文化和西方文化有不同的倾向性定位。中国文化历来重视道德，德性高尚被确定为终极追求，而西方文化更重视幸福。不过，西方对幸福的理解是变化的。西方传统的主流观念是把拥有德性理解为幸福，近代开始将幸福理解为占有利益（金钱、财富等资源），而现代又把享乐理解为幸福。

那么，现代社会为什么要改变传统社会的道德定向呢？传统社会之所以选择和确立道德作为终极目的，大致上基于以下两种主要考虑：其一，认为道德是人的本质，是人之所以为人的规定性，以道德作为人的终极目标，可以使人更远离动物，更充分地成为人，甚至成为圣贤或天使。这即是荀子所谓的"水火有气而无生，草木有生而无知，禽兽有知而无义；人有气、有生、有知亦且有义，故最为天下贵也"（《荀子·王制》）。其二，认为道德是社会秩序和整体利益的根本保证，以道德作为人的终极目标，可以维护社会的安定、和谐，可以维护统治阶级的统治，而人是社会的动物，只有社会稳定和发展，个人才可能生存和发展。这即是所谓"大河有水小河满，大河无水小河干"。

现代社会改变传统社会道德定向的根本原因在于现代社会的经济基础是市场经济。市场经济是一种追求利益最大化的经济，而实现利益最大化的主要途径是凭实力竞争，在竞争中取胜才能实现利益最大化。在竞争中取胜，需要竞争者的主观条件，更需要可以带来利润的资本。在竞争者主观条件既定的情况下，资本就成为实力的主要标志。在市场经济条件下，资本就是土地、金钱、财富等物质资源，它在流通中可以带来利润，而利润又可以转化为资本。市场经济的利益最大化原则要求人们占有尽可能多的资本并让资本带来更多的利润。利益最大化在经济生活中就是资本及其利润最大化。如此，利益就成为对于人而言生死攸关的东西，利益也就取代了传统社会的道德而成为幸福的主要内容。随着市场经济的发展，为了获取更多的利润，必须不仅要满足人们的既定需要，还要开发和刺激人们的欲望，引导和鼓励人们的消费。正是在利益的驱动下，以追求欲望满足为实质内容的享受就成为人们的追求，幸福获得了它的享受形态。

从今天的观点来看，传统社会和现代社会对终极目的的倾向性定位都是有局限的，无论是道德还是利益或享受都不能作为人类的终极追求。人的终极目的必须根据人性或人的本质来确定。人的本质是什么？虽然过去中外思想家在这个问题上大致达成了共识，即认为人的本质在于道德，但自近代以来情况已经有了很大的变化。这个问题已经成为一个长期争论而至今尚无定论的问题：有学者认为人的本质在于社会性，有的认为在于文化性，有的认为在于未定的可能性。今天越来越多的学者改变思考问题的方式，强调人的本质不在于人具有其他动物所不具有的特性，而在于人既具有其他动物具有的特性，又具有其他动物不具有的特性，这两个方面才构成完整的人性或人的本质。使人的完整人性或本质得到充分实现才是人的终极追求，这种追求得到实现就是幸福状态，而追求的过程就是幸福生活的过程。

与传统社会和现代社会相比较，选择和确立现代意义的幸福作为现代人的终极目的，理由更充分。

首先，以幸福作为终极目的，符合人的本性。人不仅像其他动物一样要生活，而且要生活得好，要生活得更好。生活下去、生活得好、生活得更好，既体现了人的综合本性，又体现了人不同于其他动物、现代人不同于传统人的独特本性或本质特征。以生活得更好为终极目的体现了人的根本需要。

其次，以幸福作为终极目的，符合人的整体需要。幸福不是一种单向度的目的，而是一种综合性目的。"生活"是一个总体性概念，不仅包括道德生活，还包括所有其他领域的生活，包括人的整个生命过程。"好"也是一个总体性概念，不仅包括道德上的善，而且包括其他领域的价值，包括了价值的所有维度。生活得更好，实际上就是要充分地满足人的整体需要。

再次，以幸福作为终极目的，符合人不断拓展和深化需要的必然趋向。人在理性的作用下，总是不满足现状，总是在追求。在追求中产生新的需要和寻求满足新需要的手段。以幸福作为终极目的，就是要求人们不能满足于生活得好，而要追求生活得越来越好、好上加好。

最后，以幸福作为终极目的，符合社会的使命。人们组成社会，不是为了让社会来统治自己，而是为了使自己生活得更好、更幸福。社会的使命就是要使全体社会成员生活得越来越好。以道德为终极目标的传统社会，只重视整体，忽视甚至否认个体。加上整体通常以统治者为代表，这就使个人的追求和社会的追求相分离和相冲突。以幸福为终极目的，从社会的角度看就是要使全体社会成员生活得更好。这既反映了社会使命的要求，也与所有社会成员以生活得更好为终极追求完全统一了起来，传统社会中普遍存在的个体与整体的对立可以从根本上得到克服。

4. 幸福观的基本形态

在阐述人类幸福观从古代到现代转变之前，有必要对人类历史上出现过的主要幸福观形态作一简要叙述，以便我们对人类幸福观的历史转变有系统的把握。

幸福，简单地说就是人的需要获得满足所产生的愉悦状态。需要是破解幸福奥秘的钥匙。前文谈及人的需要是一个整体结构，有不同层次和不同要素，有根本需要和总体需要。当对需要有不同的理解时，人们就会形成不同的幸福观。综观人类文明史，幸福观有五种基本形态，即德性幸福观、快乐幸福观、利益幸福观、享乐幸福观和完善幸福观。其中前四种幸福观是分别将德性、快乐、利益和享受视为人的根本需要，它们通常不考虑人的总体需要。完善幸福观则不同，它考虑人的根本需要，更关注人的整体需要。

（1）德性幸福观。这种幸福观把德性与幸福等同起来，认为是德性而不是快乐才使人幸福。这种幸福观在古希腊罗马时代的斯多亚派那里得到了典型的表达。该学派鲜明地针对快乐主义的主张，提出快乐不是幸福，快乐与幸福毫不相干。他们认为善是依照本性（即理性）而生活。只有人本身所具有、由其本性所规定的性质即德性，才是唯一的善。一个人，不论他有无财富或健康，只要他按照作为本性的理性生活，使其行为符合理性的法则，他就是道德的、善的，幸福也就在德性之中。反之，不论他多么富有或多么健康，他不是道德的、善的，也不会有幸福。但是人们对什么是德性的看法并不一致，因而这种幸福观本身又存在着分歧。中国历史上的儒家幸福观也具有典型的德性幸福观特征。在儒家看来，成为君子、贤人、圣人才能够获得幸福，而成为圣人则能达到最高的幸福境界。君子、贤人、圣人是儒家理想人格的由低到高的三个层次，这种理想人格的本质规定性是德性，差别在于德性达到的程度不同。按照孟子的观点，人性本善，而善就善在它具有与生俱来的"仁义礼智"四种"善端"。人生对这些"善端"修养发挥的程度不同就有了上述不同的理想人格，而败坏这些善端的人则会成为"小人"。后来宋明理学将先秦儒家的观点推向了极端，把"仁义礼智"视为天理，并提出"存天理，灭人欲"的主张，将德性的获得与欲望的满足完全对立起来。

（2）快乐幸福观。这种幸福观把快乐和幸福等同起来，主张快乐就是幸福，而且一般认为快乐既包括肉体的、感官的快乐，也包括精神的、心灵的快乐。但是，在谈到这两种快乐何者更重要时，就存在着意见分歧。古希腊快乐主义学派（亦称居勒尼学派）的亚里斯提卜认为，人生的唯一目的就是快乐，而且肉体的快乐比精神的快乐更迫切、更强烈，只有现实的、眼前的、肉体的快乐才是真实的。这是一种比较极端的、很少思想家赞同的观点。更多的思想家则主张精神快乐比肉体快乐更重要，至少两者同样重要。赫拉克利特就指出，沉湎于物欲的快乐和享乐中，违背逻各斯的生动性，就会使灵魂变成僵死的，就像喝醉了酒的人一样，"步履蹒跚，不知道自己往哪里走"，或者幼稚得还不如一个儿童。于是，他必会深省地呼喊：如果幸福在于肉体的快感，那么就应当说，牛找到草料吃的时候是幸福的。对这种幸福观，德谟克利特，特别是伊壁鸠鲁作了系统的阐述。德谟克利特提出了他的快乐主义的三个著名结论："对人，最好的是能够在一种尽可能愉快的状态中过生活，并且尽可能少受痛苦。""快乐和不适构成了那'应该做和不应该做的事'的标准。""快乐和不适决定了有利与有害之间的界限。"[1] 他主张，幸福不在于占有畜群，也不在于占有黄金，而在于追求高尚的快乐，即"精神的完善"，而要达到幸福，必须节制、明智。伊壁鸠鲁进一步指出，人生的目的就是追求快乐，快乐是人生的最高善和一切取舍的标准，而快乐就是"身体的无痛苦和灵魂的无纷扰"。持快乐幸福观的思想家一般都强调感性快乐的重要性，赫拉克利特就有这样的名言："一生没有宴饮，就

---

[1] 北京大学哲学系外国哲学史教研室编译：《古希腊罗马哲学》，商务印书馆1961年版，第114－115、107、114页。

像一条长路没有旅店一样。"[1] 只是他们强调对这种快乐要适可而止，而且要不满足于这种快乐。

（3）利益幸福观。近代以来在市场经济利益最大化原则的影响下，将幸福理解为利益成为一种主流的幸福观。这种幸福观认为，只要获得了利益，人们就可以过上幸福生活，因此鼓励人们追求自己的利益，"白手起家"，发财致富。这种幸福观像快乐幸福观一样，认为人的本性在于趋乐避苦，但由此出发推出正是在这种本性的驱动下，人的一切行为都以获利为动机。快乐只有通过利益才能获得，因而是否对自己有利就应该成为判断一切的根本标准。不仅如此，由于追求个人利益并因而获得个人利益是有助于产生快乐的，而且是产生快乐的主要途径，因而个人利益也就应该成为人们行为应遵循的根本原则。既然如此，那么人们追求个人利益(或者说利己)就是天经地义的，既是合理的，也是正当的。

对此，法国哲学家爱尔维修论述得最明白。他认为，利己(即自爱)是支配人类一切行为的唯一准则。"利益是我们的唯一推动力"，"人永远服从他理解得正确或不正确的利益，这是一条事实上的真理；无论人们不把它说出来还是把它说出来，人的行为永远会是一样的"[2]。由此他进一步推论利己在道德上的合理性，强调要把道德与利益结合起来。他断定："如果爱德性没有利益可得，那就决没有德性。"他认为，牺牲个人利益由于违反了人的本性，因而在经验的现实中肯定没有愿意这样做的人，即便有，也不合理合法，不值得颂扬。他明确

---

[1] 北京大学哲学系外国哲学史教研室编译：《古希腊罗马哲学》，商务印书馆1961年版，第118页。
[2] 北京大学哲学系外国哲学史教研室编译：《十八世纪法国哲学》，商务印书馆1963年版，第537、536页。

说:"那些为了公众利益牺牲自己的癖好和自己强烈情欲的人,并不是具有德性的人,这样的人是不可能有的。"[1]

(4)享乐幸福观。享乐幸福观是20世纪西方国家开始实行"三高"(高工资、高福利、高消费)政策后流行的一种幸福观,它是消费主义以及与之相关的享乐主义的产物。这种幸福观与西方古代快乐幸福观有一定渊源关系,但与之不同的是,它不是思想家所主张的幸福观,而是一种大众普遍奉行的日常幸福观。它不限于满足具体的欲望,而是把生活享受视为人生目的,极力追求最大限度的感官享受和即时的享受。根据这种幸福观,一个人应该做什么不应该做什么,唯一标准是看作这件事会不会给他带来生活上的享受。美国和西方其他国家曾流行过许多这类口号或格言,如"觉得好,就干""能带来感官享受,就做;如果不能,就不做""尽情享受",等等。这些口号或格言是西方享乐主义观念的典型表达和生动写照。当然,即使在美国这样享乐主义最盛行的国家,持极端享乐主义人生态度的人也是极少数,但以不同方式谋求享受和刺激却是现代西方人的共同特征。持这种幸福观的人们所关心的不再是如何工作,如何取得成就,而是如何花钱,因而这种幸福观甚至动摇了作为西方现代社会基础的金钱的地位。丹尼尔·贝尔描说:"五六十年代,人们对情欲高潮的崇拜取代了金钱的崇拜,成为美国生活中的普遍追求。"[2]享乐幸福观最初流行于美国,后来成为一种世界性的风潮。

(5)完善幸福观。这种幸福观认为幸福既不仅仅在于快乐,也

---

[1] 转引自[苏]赫·恩·蒙让:《爱尔维修的哲学》,涂纪亮译,商务印书馆1962年版,第377页。
[2] [美]丹尼尔·贝尔:《资本主义文化矛盾》,赵一凡、蒲隆、任晓晋译,生活·读书·新知三联书店1989年版,第188页。

不仅仅在于德性，而是包含着多方面的内容，至少包括快乐和德性这两个方面。中国上古的"五福"幸福观就是这种幸福观，希腊著名政治改革家梭伦就持这种观点。他针对当时人们把占有财富看作是幸福，提出财富对于幸福是重要的条件，但没有德性的财富是不义之财，并不能得到幸福。史书曾记载了这样一个故事：说有一次梭伦去见吕底亚的国王克洛苏斯，克洛苏斯向梭伦显示他的荣华富贵以让梭伦颂扬他是世界上最幸福的人。梭伦却直率地对他说："就你所提出的问题来说，只有在我听到你幸福地结束了你的一生的时候，才能够给你回答。"梭伦这样回答的理由是，只有财富并不能决定幸福，而且财产可能易手，豪富可能招祸，人生万物无法预料。梭伦触怒了国王，但并没有使他聪明起来。后来他在战场上被波斯国王居鲁士俘虏，临刑他悲哀地大叫三声"梭伦"。居鲁士问其原因，他讲述了会见梭伦的经过，并对他自己的幸福观作了深刻的反省。据说，居鲁士因此释放了克洛苏斯，并且使他后来受到世人的尊敬。由此留下来一句趣谈，说梭伦的一句话救了一个国家，教育了一个国王。梭伦的这种幸福观在亚里士多德那里得到了理论上的系统化。他认为，人生的幸福要具备三个条件，即身体、财富和德行。身体健康是幸福的前提，财富也是必要的，但幸福不能只看作是财富，而是适当的财富。德性则是最重要的，因为如果不具有德行条件而只具备其他两个条件，就不会有真正的幸福。他强调，"最优良的善德就是幸福，幸福是善德的实现，也是善德的极致。"[1] 近代德国哲学家康德实际上也持这种幸福观，认为德性和幸福（实际上指快乐）才构成至善，无论是快乐还是德性都不是至善。

---

[1] [古希腊] 亚里士多德：《政治学》，吴寿彭译，商务印书馆 1965 年版，第 364 页。

三、古代主流幸福观

这里所说的古代是指近现代以前的传统社会。传统社会的主流幸福观尤其是中国传统社会的主流幸福观为新时代幸福观提供了丰富文化滋养和优秀内容。这里主要介绍中国先秦、古希腊和西方中世纪的主流幸福观,这三种不同地域、不同时期的主流幸福观虽然有很大的不同,但有着共同的特征,即强调人生活整体上的美好或兴旺发达,同时都高度重视道德与幸福的内在关联。

1. 中国先秦的"五福"

"福"是中国最古老的观念之一。《尚书·洪范》记载,在周武王时代,周武王拜访商纣王的叔父箕子时,箕子谈到,他听说过去鲧用土堵洪水,把五行搞乱了,天帝大怒,就不把"洪范九章"传授给鲧。治理天下的常理遭到破坏,鲧被诛杀。禹继起,振兴大业,天帝就把"洪范九章"传授给禹,禹按此常理治理天下,出现了井然有序的局面。"洪范九章"的最后一章为"五福",即"一曰寿,二曰富,三曰康宁,四曰攸好德,五曰考终命"[1]。按唐人孔颖达的解释,"五福者,谓人蒙福祐有五事也"[2],即一个人获得的幸福所体现的五个方面。在《尚书·洪范》中,"五福"被看作是上天传授给禹用以治理国家的,实际上就是禹为自己统治天下确立的人们应当追求的价值目标。

《尚书·洪范》中提出的"五福"幸福观,在《诗经》中得到了发展。《诗经·大雅·文王》云:"永言配命,自求多福。"意思是永远都

---

[1] 汉代桓谭将第五福"考终命"改成了"子孙众多",于是"五福"就成了"寿、富、贵、安乐、子孙众多"(《新论·辨惑》)。显然,这一修改偏离了"五福"的原意,倒是体现了儒家"多子多福"的观念。

[2] (清)阮元校刻《十三经注疏·尚书正义》,中华书局1980年版,第81页。

要与天命相配，但要依靠自己的努力追求尽可能多的幸福。《孟子》中两次引用这句诗文，足见孟子对这一思想的高度重视以及这一思想在当时的广泛影响。《诗经·小雅·蓼萧》有"和鸾雍雍，万福攸同"。"和鸾"是古代车上的铃铛，"雍雍"意思是声音和谐。这是一句祝福语，意为铃铛声音和谐优美，祝愿大家同福多福。值得注意的是，这一诗句已经将幸福与和谐联系起来。《诗经·大雅·大明》还有"昭事上帝，聿怀多福"的诗句。"聿"是语助词，"聿怀"意为"笃念"，诗句讲的是周文王言行谨慎，正大光明地侍奉上帝，心中念念不忘的是为百姓谋更多福祉，德性高尚，所以各国归附和推崇他。这里所说的意思是与前一诗句一致的，只不过讲的是君王为百姓谋幸福。

《礼记·祭统》云："福者，备也；备者，百顺之名也。无所不顺者之谓备。"对于这里所说的"无所不顺"，《礼记·祭统》做了进一步的解释："内尽于己，而外顺于道也。忠臣以事其君，孝子以事其亲，其本一也。上则顺于鬼神，外则顺于君长，内则以孝于亲，如此之谓备。"《礼记》对幸福的阐述虽然有些许儒家的偏见，但注意到了幸福之完备百顺的性质，是对"幸福"概念的正确理解。其正确性在于，幸福被看作是人的整体生活的完善。《礼记》将幸福理解为百顺的思想对后世有很大影响。如北宋张载就说："至当之谓德，百顺之谓福。德者福之基，福者德之致，无入而非百顺，故君子乐得其道。"（《正蒙·至当》）

综而观之，在春秋战国以前，中国先民就已经有比较完整的"幸福"观念，包括什么是幸福以及如何获得幸福。有考察表明，在《诗经》现存的305首诗歌中，"福"字出现过53次，可见当时"福"观念的普及程度。[1]《尚书》中的"五福"观念、《诗经》中的"自求多福"观念,以及《礼记》中的"福者备也"观念,回答了"什么是幸福"和"如何获得幸福"这两个有关幸福的基本问题,因而表现了中国传统文化的核心幸福观念,构成了比较完整的中国传统幸福观。

中国传统幸福观内容丰富多彩,很难加以详述,但其基本内涵已包含在《诗经》"永言配命,自求多福"的诗句之中。这一诗句的两个关键词体现了中国传统幸福观两个层次的基本含义。一是"多福",即追求尽可能多的幸福。如果联系《礼记》对"福"的解释,那么,"多福"实际上意味着完备的幸福生活,即整体生活的幸福。民间对这种"多福"有一种极致的形容,即"福如东海长流水,寿比南山不老松"。在传统价值观中,虽然"多福"并没有限度,但其中最重要的还是"五福"。二是"自求",即幸福不会从天降,求助自己幸福来。民间有许多说法表现了这种观念,如"天道酬勤""天冷不冻织女手,饥荒不饿苦耕人""勤快勤快,有饭有菜"等。所有这些说法无非是告诫人们,个人的幸福只能靠自己的不懈努力来追求,靠自己的辛勤劳动来创造。从前面的阐述可以看出,中国传统幸福观虽然包含上述两层基本含义,但"五福"仍然是其中的核心内容。这不仅因为"五福"系统地回答了对于中国古人来说什么是幸福的问题,而且因为这种对幸福的理解具有鲜明的中国文化特色和中华民族个性。

虽然早在春秋以前一两千年我国就有了"五福"观念,并且后来被系统化为一种比较完整的幸福观,但是,自春秋一直到传统社会终结,思想家们似乎不怎么直接谈论幸福问题。不可否认,他们的思想

---

[1] 苏克明:《寿·寿礼·寿星——中国民间祈寿习俗》,四川人民出版社1994年版,第4-5页。

中包含对幸福的理解，但都只是重视幸福的某一方面，如儒家重视仁义道德，道家重视人性回归，墨家重视社会治理，法家重视以法治国等。虽然诸子所重视的这些方面都与幸福有关联，但没有发现诸子中有人对幸福本身进行过专门探讨。例如，儒家和道家都谈圣人，但没有提出更没有回答圣人是不是福人的问题。孟子、老子和韩非谈到过福祸问题，但并不是从研究幸福的意义上涉及的。

先秦及其后来的思想家没有关于幸福的完整理论，这种情形一直延续到辛亥革命爆发。不过，春秋之前的中国幸福观念虽然没有在后来的思想家那里获得理论阐述和发展，但在民间得到了非同寻常的弘扬和发挥，中国民间文化包含极其丰富的幸福观念。远古的"五福"后来发展成为传统习俗，代表五个吉祥的祝福：寿比南山、恭喜发财、健康安宁、品德高尚、善始善终。传统习俗中，五福合起来就构成幸福美满的人生。后来，老"五福"更进一步世俗化为新"五福"，即福、禄、寿、喜、财。新"五福"分别代表了老百姓对幸福、升官、长寿、喜庆、发财五个方面的人生希望，它以朴素而直白的语言表达了百姓对生命的关注，对美满生活的向往，对自身社会价值的追求，所代表的是中国普通百姓的一种日常幸福观。

"五福"是中华民族特有价值追求的最典型标志，反映了古老的中华民族对于幸福美好生活的热切追求和美好希冀，同时也体现了中国人对美好生活的宏观认识和总体把握。从这种意义上说，缺乏理论幸福观念的中国传统社会却拥有丰富的日常幸福观念或经验幸福观念。这也许是中华文化的一大特色，与西方思想家自古以来重视和研究幸福问题并产生诸多幸福理论形成了鲜明的对照。

2. 古希腊的"好生活"

古希腊人的幸福意识很早就已经觉醒，《荷马史诗》就大量谈到幸福，而真正使幸福成为一个问题是在伯罗奔尼撒战争（前431-前404）之后。生活在这个时期的苏格拉底及其弟子柏拉图、再传弟子亚里士多德对什么是幸福和如何获得幸福的问题作出了系统回答，形成了古希腊哲学特有的"好生活"观念。这一概念表达了古希腊将幸福理解为生活整体上美好的本质特征。

苏格拉底是从"目的论"世界观出发，提出了他的"好（善）生活"的理想。他认为，虽然宇宙万物都是神特意设计的结果，是神创造的，但神对人最为关怀和眷顾。神不仅创造了人，还为了各种有益的目的而把那些使人认识和享受不同事物的感官和才能赋予人，使人能生存和繁衍，使人能享受各种美好的东西，而且给人安置了灵魂，赋予了语言和推理能力，使人能追求知识，使人知道和利用美好的东西，并且能制定法制，管理国家。神是以人为中心合目的地设计和创造了宇宙万物。苏格拉底这一番谈论的目的不仅要证明神的伟大，证明神对人的特别垂顾，更是要求人们敬畏神，服从神。

人敬畏神、服从神，就是要最大限度地实现神赋予人的目的，这种目的就是使人生体现神的善的目的，过上善的生活。正因为如此，他呼吁雅典公民："真正重要的事情不是活着，而是活得好。"这里的"好"是与"善"同义的。什么叫活得好？"活得好"，用苏格拉底自己的话说，就是"活得高尚、活得正当"。[1] 善也是人的目的，是人的本质，活得好，就是实现了善的目的，就是获得了善的本质。苏格拉底所说的"高尚""正当"就是善的体现。

善作为一种目的，需要追求。人追求这种善的目的的过程就是好

---

[1] 参见 [古希腊] 柏拉图：《克里托篇》，《柏拉图全集》第1卷，王晓朝译，人民出版社2002年版，第41页。

生活。好生活就个人而言是一切行为都以善为目的。但是，善不只是个人行为的目的，而且也是全部社会生活的目的，治理城邦的目的就是要使城邦和公民们尽可能地行善。苏格拉底要求我们应该抱着使公民自身尽可能地变好这个目的去关心城邦及其公民。因此，好生活从社会的角度看就是全社会普遍追求善。

苏格拉底认为人是由肉体和灵魂两部分构成，灵魂是神性的体现。与肉体和灵魂相对应，有两个旨在照料身体和灵魂的过程：一个过程以身体的快乐为目的，另一个过程则以使灵魂成为最优秀的为目的。后一个过程不会沉迷于快乐无比，而且与之交战。他认为，旨在快乐的那一个过程是卑贱的，而另一个过程的目标则是我们想要达到的，这就是："无论是对身体还是灵魂，应当尽可能使之完善。"[1] 从这种意义上看，好生活也就是要使灵魂成为最优秀的、使身体和灵魂都尽可能完善的生活。

苏格拉底和柏拉图认为，人之所以希望拥有"善"，那是因为拥有了善就拥有了幸福。在他们看来，拥有善的人才是幸福的，而不拥有善的人则是不幸的。苏格拉底明确地说："我把那些高尚、善良的男男女女称作幸福的，把那些邪恶、卑贱的人称作不幸的。"[2] "善还有一个特点必须予以强调，一切认识善的生灵都会寻求善，渴望成为善的。它们想要捕捉善，使善成为自己的东西，也只有包含这样或那样的善并且在其发展过程中体现出善来的东西才会引起它们的关

---

[1]［古希腊］柏拉图：《高尔吉亚篇》，《柏拉图全集》第1卷，王晓朝译，人民出版社2002年版，第409页。

[2]［古希腊］柏拉图：《高尔吉亚篇》，《柏拉图全集》第1卷，王晓朝译，人民出版社2002年版，第350页。

心。"[1]

柏拉图经常在广义上理解善，有时也将富裕、财富看作善，但认为这些善是为身体服务的，而身体是为灵魂服务的。因此财富之类的善归根到底是为灵魂的善服务的。如果将善划分成不同的等级的话，那么，灵魂的善是最高层次的，其次是身体的善，最后才是财富之类的善。财富的善不仅是层次最低的善，而且是从属性的。柏拉图承认财富对于人生活的必要性，但是人活着不是为了追求财富，而是为了追求幸福。财富的追求要置于幸福的追求之下，也就是要以正确的方式获得财富。

在苏格拉底和柏拉图看来，虽然善有不同的类型，但只有灵魂的善才是使人成为好人的善，因而人的善主要是一种灵魂的状态。灵魂善的重要体现就是具有公正、节制等德性。因此，只有真正具有德性的人，才是真正善的人和真正幸福的人。一个人如果不具有德性，即使他拥有财富，过上了富裕的生活，他也不是幸福的。

受苏格拉底和柏拉图的影响，亚里士多德的本体论和伦理学都是目的论的。他将至善与幸福等同起来作为人的终极目的，并将幸福看作是合乎德性的现实活动而将两者紧密地联系起来。他根据人灵魂中理性的不同活动将幸福划分为与思辨活动相应的完善幸福和与实践活动相应的不完善幸福。

亚里士多德就从对事物目的的研究，到对善和至善的研究，引出了幸福的概念，幸福就是完善的目的，就是至善。他的结论是：幸福是我们寻求的最好的东西，也是完满的目的。完善的目的是善，也是

---

[1] [古希腊]柏拉图：《斐莱布篇》，《柏拉图全集》第3卷，王晓朝译，人民出版社2003年版，第189页。

一切善物的目的。

从目的的角度将幸福理解为善中的至善,这只是亚里士多德幸福论的一个方面,他的幸福论的第二个方面是从德性的角度理解幸福,其基本观点是将幸福理解为合乎德性的现实活动。这是他的幸福论更突出的特点。

对于亚里士多德来说,幸福并不是一个目的地,只有到达了那里才可以获得它。他强调,幸福是自足的,但它不是静态的,而是现实的活动,"幸福应存在于某种使用和实现中"。他赞同当时关于幸福的流行看法,即认为幸福在于生活得好和行为得好。"我们说'生活得好与行为得好'不是其他什么,恰是幸福。"在他看来,人的生活靠的是灵魂。善的事物可以分为三部分,一些是外在善,另一些是灵魂善和身体善。灵魂的善是主要的、最高的。灵魂的善就是德性,德性就在灵魂中,灵魂所造成的就是灵魂的德性所造成的。"正是由于灵魂的德性,我们才生活得好。"但是,幸福并不是德性本身,而是合乎德性的行动。"幸福应存在于按德性的生活中。"[1]生活得好和行为得好也就是按德性生活和行动,或者说就是使人的行为合于德性。正是在这种意义上,他明确断定:"幸福就是合乎德性的现实活动","幸福生活可以说就是合乎德性的生活"[2]。

亚里士多德强调,幸福不是神的礼物,而是德性的报偿。德性不是与生俱来的,而是在"有所知"的前提下,不断在具体情境中运用实践智慧作出正确选择,并躬行实践才能获得的。

---

[1] 均见[古希腊]亚里士多德:《大伦理学》,苗力田主编:《亚里士多德全集》第八卷,中国人民大学出版社1992年版,第250页。
[2] [古希腊]亚里士多德:《尼各马科伦理学》,苗力田主编:《亚里士多德全集》第八卷,中国人民大学出版社1992年版,第16、226页。

3. 西方中世纪的"至福"

西方中世纪是一个信仰上帝的时代,但信仰上帝是为死后进入天堂,享受永恒的、极致的幸福,即所谓"至福"。中世纪的"至福"观念源自《圣经》,教父哲学家奥古斯丁对它进行了系统的阐发,而天主教哲学的集大成者托马斯·阿奎那根据异教的冲击对这种幸福观进行了捍卫和发展。

什么是幸福以及如何获得幸福的问题,是西方古典德性思想家共同关注的主题。奥古斯丁第一次根据圣经对幸福问题提供了一种系统的基督教神学回答。首先,他认为,幸福生活不在于物质,而在于拥有至善,幸福必须以善良意志为前提,但真正的幸福只属于爱上帝并敬奉上帝的人。有一种快乐绝不是邪恶者所能得到的,只属于那些爱上帝而敬事他、以他本身为快乐的人。幸福生活就是在上帝左右、对于上帝、为了上帝而快乐。这才是幸福,此外没有其他幸福生活。谁认为别有幸福,别求快乐,都不是真正的幸福和快乐。

爱且敬奉上帝,就是要信靠上帝。信靠上帝并不是要废弃自由意志,因为只有那使用自己意志的人才能享受这些恩赐的好处。然而,他要谦虚地使用,不可骄傲,不要以为是出于他自己的能力,好像他自己的能力足够使他在公正上得以完全似的。爱上帝、敬奉上帝,也就是按上帝生活。奥古斯丁将人的生活方式划分为两种,一种是按人生活,另一种是按上帝生活。当一个人按人生活,而不是按上帝生活时,他就像魔鬼一样。奥古斯丁认为,不是由于拥有了魔鬼没有的肉体,人才变得像魔鬼,倒不如说,由于按照人自身生活,亦即按人生活,才使人变得像魔鬼。当一个人按自己生活时,亦即按人生活,不是按上帝生活,他肯定是在按谬误生活。所以,人确实希望自己幸福,但他以这样一种方式生活不可能幸福。按上帝生活,就是要把三位一体的上帝作为我们享受的唯一对象。我们因为自己的罪恶不能享受上帝，但我们的罪是可以去除的。如果我们的罪得了赦免，我们的灵魂借恩典得到了更新，那么我们就能因为盼望等候身体复活，得着永生的荣耀。当然，如果我们的罪不能赦免，那就要坠入万劫不复之深渊。[1]

奥古斯丁将基督徒生活划分为四个阶段，并且宣称只有达到了第四阶段，人才获得了真正的幸福，即永福。这四个不同的阶段中，第一个是在律法之前，第二个是在律法之下，第三个是在恩典之下，第四个是在平安之中。[2] 平安之境，是一个没有邪恶、不缺乏善的地方，是一个我们将自由地赞美上帝的地方，是一个上帝是一切事物中的一切的地方。达到这个地方，那该有多么幸福啊！我们就会处在一种既不会由于无所事事而停止工作，又不会在贫乏的驱使下去工作的状况，我不知道其他我们还要做什么。这个平安之境，就是属天之城。在这里会有意志自由，全体公民有意志的自由，每个公民也有意志的自由。这座城摆脱任何罪恶，充满了各种好东西，处在永久的幸福欢乐之中，冒犯被遗忘了，惩罚也被遗忘了。然而，它不会忘记它自己的得救，也不会忘记对它的拯救者的谢恩。

奥古斯丁对人达至平安之境有足够的信心，其关键是我们要接受上帝爱的恩典并生发仁爱之心。"人的内心若被上帝灌输了第一要素，即'使人生发仁爱的信心'（《圣经·加拉太书》5：6），就会追求靠生活圣洁去获得那可以眼见的景象，内心圣洁、完全的人熟悉那不

---

[1] 参见 [古罗马] 奥古斯丁：《论基督教教义》，奥古斯丁：《论灵魂及其起源》，石敏敏译，中国社会科学出版社2004年版，第14页。
[2] 参见 [古罗马] 奥古斯丁：《论信望爱手册》，奥古斯丁：《论信望爱》，许一新译，生活·读书·新知三联书店2009年版，第113-114页。

可言喻之美，得见其全景更是无与伦比的幸福。"[1]

托马斯·阿奎那从人的最后目的出发讨论幸福问题。他认为，最后目的只有一个，这就是幸福，但人们对作为最后目的的幸福的理解不同。他首先否认幸福在于财富。他认为，财富是为了达到某种其他的目的而被追求，因而不会是人的最后目的。在自然的秩序中，所有被看作财富的东西都是服从人的，是为人服务的，因而不可能作为最后的目的。他也否认幸福在于荣誉、名声和荣耀，在于能力，在于身体的善和快乐。

讨论了有关幸福是什么的一些谬误之后，托马斯解释了究竟什么才是幸福。他像亚里士多德一样肯定幸福是人的至善、完善的善，"自足"是幸福的本性，但断定"最后和完善的幸福只能在于洞察上帝的本质"。"幸福就是完善的善的获得。"[2]因此，无论是谁，只要能获得完善的善，就能获得幸福，而人能获得完善的善。之所以如此，一方面是因为人的理智能领悟普遍的、完善的善；另一方面是因为人的意志能欲望这种善。人能获得幸福，这一点也能从人能感知上帝的事实得到证明，人的完善幸福就在于这种洞察。

作为完善的善的获得，幸福包括两个方面：一是最后的目的本身，即至善；二是那种善的获得和享受。就那种善本身而言，它是幸福的对象和原因，一种幸福不会比另一种幸福大，因为只有一个至善即上帝，享受他就使人幸福。至于这种善的获得或享受，一个人会比另一个人幸福，因为一个人越享受这种善，他就越幸福。

---

[1] [古罗马]奥古斯丁：《论信望爱手册》，奥古斯丁：《论信望爱》，许一新译，生活·读书·新知三联书店2009年版，第29页。
[2] *Summa Theologiae*, II(I), Q.5, art.8, 1.

人今生能成为幸福的吗？托马斯回答说，人能通过他的本性能力以德性的方式获得今生的不完善幸福。这种幸福"就在于德性的操作"[1]。但是，人的完善的幸福在于洞察上帝的本质，而这种洞察不仅超出了人的本性，而且超出了所有创造物。因此，无论是人还是其他创造物都不能通过他的本性能力获得最后的幸福。每一创造物都服从本性法，它的能力和行为都受到限制。那种超出被创造的本性的事情不能为任何创造物的能力所为。完善的幸福是一种超出被创造的本性的善，"所以它不能通过任何创造物的行为被给予，而只有上帝才能使人幸福"[2]。

四、现代主流幸福观

我们这里所说的现代社会指的近代以来的社会，其经济基础是市场经济。市场经济的兴起和发展导致人类幸福观的重大转变，总体上从古代注重生活整体的繁荣或人性充分的实现转向了只注重资源的占有和欲望的满足，而占有资源最终还是为了满足欲望。因此，幸福观从古代到现代的转变可简单概括为从重视人性实现走向欲望满足。利益幸福观和享乐幸福观都导致了诸多消极后果，自20世纪50年代开始，传统的德性观又得到了复兴。现代主流幸福观是新时代中国幸福观的重要参照和借鉴对象。

1. 从重德性转向重利益

人类幸福观从重德性到重利益的转变是在西方近代发生的，并逐

---

[1] *Summa Theologiae*, II(I), Q.5, art.5.
[2] *Summa Theologiae*, II(I), Q.5, art.6.

渐流布到世界。

　　西方古代经历了复杂的演变过程，但把幸福理解为德性是其主流观念。古希腊罗马与中世纪在对德性的理解上存在着重大的差异。古希腊罗马所重视的德性是人的世俗的德性，这种德性归根到底被理解为人性的充分实现，尤其是人的理性灵魂的善。柏拉图所称道并给予哲学论证的"四主德"即智慧、勇敢、节制、公正就是人之为人所应具备的主要德性，也是人获得幸福的充分条件，甚至就是幸福的主要内容。到了中世纪，神学家普遍认为，古希腊的"四主德"只能使人获得尘世的幸福，而尘世的幸福不仅是不完善的，而且是短暂的，只有具备三种神学德性即信仰、希望和爱才有可能获得永恒的圆满的"至福"。显然，古希腊罗马与中世纪对德性有不同的理解，但它们都认为只有德性才是幸福的实质内容，是幸福可能的必要条件甚至充分条件。

　　然而，大约从14世纪开始，西方的主流幸福观逐渐发生了变化，从过去重视德性到开始重视利益。这种利益最初主要表现为土地、财富、金钱等经济利益，后来进一步扩展为权力、名誉、地位等政治和社会方面的利益。所有这些利益都是社会的紧缺资源，具有专属性，同一种资源一旦被人占有别人可能就不能再占有。于是，利益幸福观就逐渐取代了德性幸福观。根据利益幸福观，一个人获得的利益越多或者说占有的社会资源越多，他就越幸福。

　　利益幸福观的前提是承认利己天然合理，并主张把利己看作是人们行为的根本动机和基本准则。但是，在应当如何利己的问题上，人们的看法并不一致。一般认为，存在着心理利己主义和伦理利己主义这两种不同类型。

　　心理利己主义根据人的动机解释人的行为，认为人总是做使自己快乐的事，或做于自己有利的事。这种观点甚至更极端地认为，人们不但永远做增进自己幸福的事情，而且在心理上不可能自愿去做那些违反自信是实现自己最大利益的事情。其流行的典型表述是："自私之心人皆有之，即使他们表现出不自私的样子。""归根到底人人总是做自己需要做的事，或者做最少痛苦的事。""一个人无论说什么无关紧要，人永远是为了使自己得到满足而行事。"因此，心理利己主义的基本原则是：我应当永远至少经常为自身利益而行动。在心理利己主义看来，一个人的行为在许多时刻可能表现出自我牺牲的精神，但这些都无关紧要，重要的是这种行为背后的欲望永远是自私的。一个人最终是为了自己，无论从长远看还是从眼前看都是如此。在他们看来，利己行为与利他行为是完全能够相容的。一个聪明的利己主义者能够表现为一个大公无私的人，因为他相信表面的无私可以更好地增进他自己的长远利益。

与心理利己主义不同，伦理利己主义更多地从社会的角度考虑利己。按照这种观点，如果我老是自私自利地行动，人们就可能恨我，普遍地待我不好，所以不自私可能更符合我的利益，至少在有些时候我的行为甚至可能是利他的。因此，伦理利己主义的基本原则是：每个人都应该永远为其自身利益而行动，不考虑别人的利益，除非后者有利于他自身的利益。对于这种观念来说，一切都是以是否对自己有利有用为轴心，个人的利益是终极价值，其他一切价值都取决于这种价值。美国的富兰克林明确表达了这种观念。在他看来，诚实有用，因为诚实能带来信誉；守时、勤奋、节俭都有用，所以都是德性。按照这种逻辑往下推，假如诚实的外表能达到相同的目的，那么，有个诚实的外表就够了，过多的德性就是不必要的浪费。

近代幸福观转换的根本原因在于市场经济，这种转换是伴随着市场经济的兴起和完善而发生和完成的。市场经济是追求利润最大化的经济，而利润就是市场主体从经济活动中获得的归自己所有的经济利益。在市场经济条件下，追求和实现自身利益最大化是市场主体从事经济活动的主要的甚至是唯一的动机。而且只有如此，市场主体才能不断增强竞争实力，市场经济才能获得发展，社会财富才会快速增长。追求利益最大化不仅是市场经济的客观要求，而且是市场经济的本质。由于经济利益的实现需要许多其他社会资源支持，而这些资源对于个人来说，也体现为不同的利益，如政治权利、社会地位和声望、受教育的机会等。当然，这些资源对于个人的社会生活也是意义重大的。于是，个体利益就成为人们经济活动乃至其他活动的根本追求。所以法国哲学家爱尔维修提出的"利益是我们的唯一推动力""人永远服从他的理解得正确的或不正确的利益"[1]成为时代的心声，利己也被视为天然合理的，甚至被视为天赋人权。

在近代幸福观转换过程中，思想家也发挥了重要的推动作用。他们肯定利己的合理性和正当性，鼓励人们大胆地、拼命地追求自身利益，认为利己不仅顺应了人的自然本性，而且有助于社会整体利益的增进，有利于社会的繁荣昌盛。

曼德威尔在著名的《蜜蜂的寓言》一书中曾借关于蜜蜂的寓言提出了他的"私恶即公利"的观点：只要我们正视现实，就不得不承认，正是传统称之为邪恶的东西——个人追求自己快乐和幸福的活动，创造了社会的公利——国家的繁荣和富裕。他把人类社会比喻成一个巨大的蜂巢，把人比喻成这个蜂巢中的蜜蜂。最初，"蜜蜂们"——商

---

[1] 北京大学哲学系外国哲学史教研室编译：《十八世纪法国哲学》，商务印书馆1963年版，第536、537页。

人、律师、医生、牧师、法官、政治家，都是只为自己考虑的利己主义者，为了自己的利益，不惜采用一切手段来损害别人，因而由蜜蜂构成的社会里的一切行业都充满了欺骗。然而，损人利己、尔虞我诈的邪恶正是构成这个繁荣社会的基本要素，"无数的人们都在努力，满足彼此之间的虚荣和欲望，到处都充满了邪恶，但整个社会却变成了天堂"[1]。之所以如此，是因为"邪恶培植了聪明和机巧，这就带来了生活的便利。这是真正的欢乐、舒适和安逸。在这种情况下，穷人们也过着好日子"，"是他们的邪恶使他们伟大"。[2]曼德威尔借这个寓言告诉人们这样的道理：国家的繁荣，人民的幸福，都建立在各种私恶之上，禁欲主义要压制、消灭这些私恶，其结果只能是毁灭掉人间一切美好的事物。所以，"把一个伟大的蜂巢弄成一个诚实的蜂巢"[3]，是一种愚蠢的行径。邪恶是幸福之源。

亚当·斯密则从政治经济学的角度强调在经济领域中追求私利的意义。他在考察经济生活时，把具有多种品质的人和作为经济上的人区分开来。在经济思想史上实际上第一次系统地运用了"经济人"这个假设。"经济人"是利己主义者，只关心自己的利益，并尽力去追求它。社会是由个人组成的，所以社会利益也就是个人利益的总和，个人越是追求自己的利益，社会利益也就越大。用他的话说，就是"每个人改善自身境况的一致的、经常的、不断的努力是社会财富、国民财富以及私人财富所赖以产生的重大因素。"[4]斯密的"经济人"并

---

[1] Bernard Mandeville, The Fable of Bees, Oxford: Clarenden Press,1924,p.24.
[2] Bernard Mandeville, The Fable of Bees, Oxford: Clarenden Press,1924,p.24.
[3] Bernard Mandeville, The Fable of Bees, Oxford: Clarenden Press,1924,p.36.
[4] ［英］亚当·斯密：《国民财富的性质和原因的研究》上卷，郭大力、王亚南译，商务印书馆 1974 年版，第 315 页。

不是"鲁宾孙"式的孤立生产者，而是商品生产社会经济体系的一分子。独立的经济个体虽然在自爱心理的引导下追求个人的利益，但有一双"看不见的手"使人们把个人利益和社会利益结合起来，把个人的利己活动引向公众的福利。他指出，私人利润的打算，是决定资本用途的唯一动机，所以每个资本家所考虑的不是社会的利益，而是他自身的利益。但是资本家对自身利益的研究自然会或者毋宁说必须会导致他选定最有利于社会的用途。

马克斯·韦伯则更把赚钱、利己视为人的责任或"天职"。在他看来，人们追求自身利益、利己，作为一种生活事实，在人类文明社会的各种形态都存在。与其他任何社会形态不同，近现代西方资本主义社会的特点在于，其价值观念不仅不把利己、赚钱看作是邪恶的、不道德的，相反把它们看作是天然合理的、正当的，而且进一步从道德的意义上把利己、赚钱看作是人们应遵循的行为准则和价值尺度。这样，利己、赚钱就不仅是社会所容忍、所认可的事情，而且是一种道德规范，一种道德责任。人生活在世界上，如果不去利己，不去赚钱，就是不道德的，就是没有尽自己应尽的责任，也就丧失了存在的价值。马克斯·韦伯强调，在现代经济制度下能赚钱，只要挣得合法，就是长于、精于某种天职的表现。而一个人对天职负有责任，"乃是资产阶级文化的社会伦理中最具有代表性的东西，而且在某种意义上说，它是资产阶级文化的根本基础"[1]。

2. 从利益取向到享受取向

大约从19世纪中叶到20世纪中叶，在西方工业文明浪潮一浪高

---

[1] [德]韦伯：《新教伦理与资本主义精神》，于晓、陈维纲译，生活·读书·新知三联书店1987年版，第38页。

过一浪的巨大冲击面前，西方人陷入了困惑、迷茫和徘徊。他们不得不使自己逐渐适应现代文明，部分地修正传统的包括近代以来形成的价值观和幸福观，出现了近代以来空前的观念大调整时期。这个调整时期的高峰大约从20世纪20年代初到60年代末。在这短短的半个世纪，工业文明所带来的高度发达的科学技术和生产力、极其丰富的产品和服务，以及战争、各种现代社会问题，特别深刻地改变了西方人人生及其幸福的观念，近代的清教主义、禁欲主义受到了享乐主义、消费主义、性解放等新观念的有力挑战和冲击。正是在这种历史背景下出现了不同于近代具有禁欲主义色彩的利益幸福观的享乐主义幸福观。

享乐主义在西方是一种源远流长的价值观和幸福观，而且早在古代希腊就已经得到了理论上的阐述和论证，但是在20世纪以前，这种幸福观并不是一种占主导地位的社会价值观念。进入近代，快乐虽然作为中世纪所追求的永恒幸福的对立物在社会价值体系中有相当突出的位置，被视为人生的终极目的，但由于近代原始积累和竞争的需要，由于物质的相对匮乏，也由于新教伦理和清教主义价值观念的影响，快乐主义并没有成为人们普遍奉行的价值观念。追求感官享乐不仅没有被当作现实的价值取向，相反被看作是不道德、不光彩的事情。在20世纪以前的近代几百年时间里，我们很难找到不惜一切而穷极耳目感官之乐的典型事例。可以肯定地说，近代是一个节制、勤俭、奋发的时代。可是，进入20世纪以后，特别是自50年代开始，西方人节制、勤俭、奋发等观念日趋淡化，转向追求形形色色的个人生理和心理欲望的满足，于是享乐主义之风在西方社会日渐弥漫。

当代西方人的享乐主义观念在H.黑弗纳为他自己创办的《花花公子》杂志所写的《花花公子的哲学》中得到了某种表达。黑弗纳心目中的"花花公子"可以说是一个典型的当代享乐主义者。在《花花公子》创刊号上，黑弗纳这样地描述"什么是花花公子"："他必须把生活看作不是泪水之谷，而是快活的时光；他必须愉快地工作，却不把工作看作生活的终结和一切；他必须是一个机灵的人，一个明白的人，一个有审美能力的人，一个对于享乐是敏感的人，一个并未获得酒色之徒或浅薄的文艺爱好者的污名却能够充分享受生活的人。当我们使用'花花公子'这个词时我们的意思就是这种人。"[1] 从黑弗纳对"花花公子"的描述以及他创办《花花公子》杂志的意图看，他所关心的是人在休闲时的消遣快乐，特别是把人从妨碍他自由地、快乐地表达他的情欲的传统道德和宗教信念中解放出来。不过，他也不主张极端利己主义、极端享乐主义或纵欲主义。黑弗纳也意识到，在竞争激烈的西方社会，只强调享乐是行不通的，必须强调工作的必要性和重要性，鼓励人们追求成功。由此看来，黑弗纳的花花公子哲学是一套既要在工作上刻苦努力，又要在休闲时尽情享受的幸福观。这种花花公子哲学，实际上是当代享乐主义价值观和幸福观的典型表达和具体写照。

导致享乐主义在西方社会风行的原因十分复杂，如现代社会生活条件和生活方式的改变以及与之相关的享受条件优越、闲暇时间增多、社会异化、孤独、焦虑，等等。随着市场经济的发展，厂商为了在竞争中取胜，他们拼命降低成本，使用新技术，采取规模生产，缩短产品更新换代的周期，不断开发新产品。于是，新产品有如潮水汹涌而来。同时，厂商也为了节约成本和保证下一批商品的销量，有意缩短产品的使用寿命，这样又迫使消费者不得不加快更换产品的步伐。丹尼尔·贝尔指出："破坏新教伦理的不是现代主义，而是资本主义自

---

[1] 转引自[美]宾克莱：《理想的冲突》，马元德等译，商务印书馆1983年版，第45页。

己。造成新教伦理最严重伤害的武器是分期付款制度，或直接信用。"他分析说，从前，人必须靠存钱才能购买，可信用卡让人当场立即兑现自己的欲求。当新教伦理被资产阶级社会抛弃之后，剩下的便只是享乐主义。他指出："资产阶级社会与众不同的特征是，它所要满足的不是需要，而是欲求。欲求超过了生理本能，进入心理层次，它因而是无限的要求。"[1]

除以上原因外，"嬉皮"颓废运动、广告以及大众传播媒介也起了重要的推波助澜作用。

"嬉皮"颓废运动开始于20世纪60年代中期的美国，在短短的四五年时间里，这个运动迅速蔓延到整个西方世界。开始时，颓废派是一些不满足于已变为现实的"美国梦"、要求摒弃现存社会价值的青年人。他们要求摆脱无止境的竞争和钩心斗角的生活，而去谋求一种更加自由自在、无忧无虑的生活。于是，他们远离舒适的家庭，抛弃豪华奢侈的生活，搬到农村或城市中比较破旧的廉租区居住，而且排斥美国的整齐光洁形象，留长发，穿奇装异服，每天抽大麻，使用麻醉药及其他迷幻药物。颓废运动像滚雪球般地迅速发展，短短几年，成千上万的年轻人留长发，离开学校，脱离工作。他们被引向颓废的生活方式，因为这种方式在他们看来更新奇、更具有刺激。颓废运动后期，青年人的理想主义和进取心完全消失，越来越多地强调个人，关心自己的幸福、自己的享受和自己所需要的东西，不做自己不需要做的事。于是颓废主义就变成了绝对的自我中心主义。

在"颓废主义"渗入西方世界的同时，一些公司提供的服务及广

---

[1] [美]丹尼尔·贝尔：《资本主义文化矛盾》，赵一凡、蒲隆、任晓晋译，生活·读书·新知三联书店1989年版，第67、68页。

告也助长了快乐、狂喜、放松、纵欲的风气。例如,美国东部航空公司曾在《纽约时报》上刊登了这样的广告:"请你像鲍勃和卡罗尔、泰德和艾丽丝、菲尔和安妮那样欢度假期吧!"这一触目惊心的标题有意模仿电影《鲍勃和卡罗尔、泰德和艾丽丝》。而这部讽刺片描写的是两对友好的夫妇如何笨拙地相互交换配偶取乐。东部航空公司接着宣告:"我们送您飞往加勒比海。我们为您租好了海边小屋。先飞后付。"这则广告是告诉人们,该公司可以让您过一个鲍勃和卡罗尔、泰德和艾丽丝以及菲尔和安妮式的痛快假期。

相比较而言,大众传播媒介的影响更加广泛。前面所说的美国《花花公子》杂志,在1970年的发行量达600万份。美国像这样的有影响杂志还有《阳刚》《棚屋》等。这些畅销的通俗杂志生动地表达和体现了享乐主义的价值观念,对大众的价值观念和行为方式发生了广泛而深刻的影响。即使是那些被认为保守的报刊,也无不浸透了享乐主义的精神。

3. 德性幸福观的复兴

自20世纪50年代开始,西方出现了古代的德性伦理学复兴运动,德性幸福观也得到弘扬和开新。德性伦理学复兴所主要针对的是近代以来流行的康德道义论、后果主义(重点是功利主义)。德性伦理学家指责近代流行的规范伦理学只重视给人们提供统一的行为规则,而忽视了人们的德性品质。在他们看来,伦理学应关心的主要问题不是行为问题,而古典伦理学所关心的是"我们应该做什么样的人""我们应该过什么样的生活"问题。于是,古希腊哲学家关心的"好生活"及其充分主观条件"德性"成为新的伦理学话题。在复兴德性伦理学的过程中,一些伦理学家根据新的时代条件,对"好生活"或"幸福"作出了新的阐释。这些阐释可以说是传统德性幸福论的新时代翻版。

英国德性伦理学家朱丽娅·安那斯在《幸福之道德》（1993）和《智力的德性》（2011）中系统地阐述了现代德性幸福观。她认为，当代关于幸福的讨论经常把幸福理解为快乐的感受、使你的欲望得到满足、对你的生活有一个积极的评价，而这些观念都是错误的。幸福不排除快乐，但它排除幸福只能是快乐的观念。幸福必须以某种方式由快乐"织成它"，快乐是包含在它之中的某种东西，而不只是偶然地附着于其上的东西。幸福是当开始追问我的生活是怎样进行的和我怎样才能更好地获得它时就走向它的东西。"幸福是我的幸福，我过我的生活的方式；只有我才能获得我的幸福，因为只有我能过我的生活，而且幸福不会是从外在于我自己的反思强加于我而产生的结果。"[1]安那斯强调，不应把幸福看作欲望得到满足，而要把幸福看作是一个人对作为整体的生活的整体满足，看作是在过一种幸福生活过程中要达到的总体目的，在这种意义上我们认为过好生活是过幸福生活的方式。安那斯像许多古典思想家一样，主张幸福与德性之间存在着密不可分的联系，认为德性地生活是幸福地生活的一种好方式，甚至是唯一的方式。

美国德性伦理学家约翰·刻克斯专门写了一本《道德智慧与好生活》的书，专门阐述作为一种反思德性的道德智慧与好生活的关系。刻克斯认为，古代的幸福主义传统的本质目的就是要帮助合情理的人为他们自己创造好生活。这是一种实践的目的。在他看来，幸福主义从人类本性中，而不是从它之外的任何价值中引申它的好生活构想。其享受造就一种好生活、其痛苦阻止一种生活成为好的那些善，能被"以人类为中心"解释为对于人类的利益和损害。所以，幸福主义的

---

[1] Julia Annas, *Intelligent Virtue*, Oxford: Oxford University Press, 2011, p.144.

构想把价值看作是客观的,但它把它们的客观性与以人类为中心性结合起来了。幸福主义以多元主义的形式构想好生活。在以人类本性确立的意义上,好生活是一致的。但是,仍然存在一种好生活的多元性,因为满足这种被分享的人类本性的一致要求,对于过好生活来说只是必要的,而不是充分的。原初价值的一致性与次级价值的多元性是共存的。幸福主义把道德智慧看作是对于过好生活来说本质的。

美国德性伦理学家劳伦斯·倍克认为,成熟的、合适的行为者理解的幸福,是整体生活的性质,而不是转瞬即逝的精神状态。在他看来,德性对于幸福就是必要的,而且对于它也是充分的。当圣贤获得德性时,他们也就在最高尚的意义上获得了幸福;只是或多或少获得德性的我们其余的人,似乎只能像彗星一样在幸福的轨道上运行,在椭圆中摇摆,靠近德性只是罕见地、短暂地、危险地与靠近幸福交叉。然而,这种轨道的机制的厄运,并不构成对德性而不是幸福应该成为我们的目的这一论点的反对意见。[1] 在倍克看来,幸福是一种完成的生活(a complete life)。所谓"完成的生活"是一种被组织成为整体的生活的图景,没有未被联系的部分。它也是一种充满了借助一系列给人深刻印象而得到发展的禀赋和构建的品质的图景。

德性伦理学及其幸福观的复兴有着深刻的社会历史原因。西方近现代社会的经济基础是市场经济,西方近现代社会的政治制度、主流价值观和主流意识形态是完全适应市场经济建立起来的。如果我们反思就不难发现,虽然资本主义制度适应并促进了市场经济的快速发展,并给西方社会带来了高度繁荣的现代文明,但它作为一种社会制度而不只是一种经济制度,一味地顺应和推动市场经济发展,对它可能导

---

[1] Lawrence C. Becker, *A New Stoicism*, Princeton University Press, 1998, p.138.

致的各种直接或间接问题重视不够，因而没有对它的发展作适当的限制，没有有效地防范它的偏颇和弊端。

导致西方近现代社会一味顺应市场经济需要，而没有对其作必要的限制和限定的原因是多方面的。就伦理学本身而言，近代至20世纪50年代的伦理学也存在着重大的偏颇，丧失了伦理学作为哲学的那种应有的社会警示、批判和指导功能。

在近代这样一个思想大解放的时代，伦理学领域也非常活跃，先后出现了影响比较大的利己主义伦理学、情感主义伦理学、功利主义伦理学、道义论伦理学。所有这些伦理学家都在适应市场经济对自由和规则的需要而在自由的前提下重视规范，他们的主张虽有不同，但都重视如何建立自由竞争条件下所需要的社会秩序问题。然而，他们不再像古典思想家那样重视人的品质问题，而只重视"一个人应当怎样行动"的问题。从重视作为整体的人的生活到只重视人的行为，这确实给人们留下了更大的自由空间。但也正因为如此，除了在社会行为方面之外，人们生活的其他方面都不能得到伦理学理论的指导，社会也因为以这样的伦理学为依据而忽视了对人们生活的必要规范和引导。与此同时，近代西方伦理学在为市场经济兴起和发展给力的同时，忽视了市场经济的利益最大化原则可能会对个人生活和整个社会生活产生的冲击，使道德放弃了对市场经济的应有限制和对它可能破坏社会生活的消极作用的应有防范，同时也没有告诉人们除了正当谋利之外还应该做什么。如此，伦理学就丧失了社会的预警功能、批判功能和指导功能。

近代西方伦理学的偏颇导致了严重的消极后果。这就是人有了自由，也有了充分谋求利益的机会和环境，但放弃了对德性、人格和实践智慧的追求和培育，放弃了对人的作为整体生活的观照，人的生活就等于物质生活，人的追求就等于利益的追求。如此一来，人成了单向度的人，社会成为了单向度的社会，从社会获得解放和自由的个人重新受到奴役，只是这种奴役不再只是来自社会经济技术力量，还来自人内在的贪欲。这种后果还有强烈的社会效应，其中最突出的是社会两极分化日益严重、生态环境遭到严重破坏、心理疾病流行，以及20世纪爆发的两次世界大战和今天常常发生的恐怖主义活动等等。

正是这样一些严重的消极后果及其可怕的社会效应使许多西方思想家痛定思痛，开始反思近代启蒙思想家对现代社会的谋划，反思西方现行的主流价值观和主流意识形态。自20世纪50年代出现的德性伦理学复兴就是这种反思在伦理学领域的一种表现。在致力于复兴德性伦理学的思想家看来，近代以来西方出现的一系列严重社会问题从伦理学的角度看，其根源就在于只重视"一个人应该怎样行动"的问题，而忽视了"一个人应该怎样生活"或"一个人应该成为什么样的人"的问题。因此，他们要纠近代以来伦理学之偏，使伦理学重新回到古典伦理学所关心的问题之上。

五、马克思恩格斯的理想

马克思恩格斯虽然没有关于幸福和幸福观的直接论述，但他们所构想的共产主义社会理想实际上表达了一种幸福观。这种幸福观是一种以全人类解放为必要前提、以全体社会成员都获得全面而自由发展为根本目的、以共产主义社会建立为实现条件的幸福观。它是对人类历史上所有幸福观的革命性变革，也是新时代幸福观的直接来源和理论依据。

1. 共产主义必定实现

马恩基于唯物史观从历史发展必然性的角度为无产阶级推翻资产阶级、共产主义代替资本主义提供了哲学论证。

在马克思看来，资本也是一种社会生产关系。这是资产阶级的生产关系，是资产阶级社会的生产关系。资本不仅包括生活资料、劳动工具和原料，不仅包括物质产品，并且还包括交换价值。资本所包括的一切产品都是商品。所以，资本不仅是若干物质产品的总和，并且也是若干商品、若干交换价值、若干社会量的总和。资本以雇佣劳动为前提，而雇佣劳动又以资本为前提。两者相互制约，两者相互产生。资本只有同劳动力交换，只有引起雇佣劳动的产生，才能增加。雇佣工人的劳动力只有在它增加资本，使奴役它的那种权力加强时，才能和资本交换。"因此，资本的增加就是无产阶级即工人阶级的增加。"[1] "资本的积累就是无产阶级的增加。"[2] 马克思从对资本深入系统的分析解剖，进一步从经济学的角度揭示了资本主义灭亡的历史必然性。马克思对资本的分析解剖是在《资本论》中完成的。

在《资本论》中，马克思从分析商品开始，阐明商品作为资本主义的经济细胞，包含着资本主义生产关系各种矛盾的萌芽。剩余价值理论是马克思政治经济学的核心理论，揭示了资本主义经济制度的本质。马克思在阐述劳动二重性的基础上，分析了资本主义生产过程的二重性：资本主义生产一方面是生产使用价值的劳动过程；另一方面是生产剩余价值的价值形成和价值增殖过程。雇佣工人在必要劳动时

---

[1] [德] 马克思：《雇佣劳动与资本》，中共中央编译局编译：《马克思恩格斯文集》1，人民出版社 2009 年版，第 727 页。
[2] [德] 马克思：《资本论》第一卷，中共中央编译局编译：《马克思恩格斯文集》5，人民出版社 2009 年版，第 709 页。

间内生产出自己劳动力的等价，在剩余劳动时间内无偿地为资本家生产出剩余价值。接着马克思论述了资本的积累过程，阐明了资本是怎样从剩余价值中产生的，揭示了资本积累的本质、一般规律和历史趋势。资本主义的再生产同时是资本主义关系的再生产，再生产过程一方面生产出物质财富，被资本家无偿占有；另一方面生产出除劳动力之外一无所有的无产者，他们注定要受雇于资本家。马克思以铁的事实证明，历史上劳动者被剥夺生产资料的过程绝不是田园诗般的过程，而是用血与火的文字载入史册的过程。

马克思指出，资本主义必将经历一种否定之否定过程：资本主义生产方式的确立，是对个人的、以自己劳动为基础的私有制的第一个否定；但资本主义生产由于自然过程的必然性，造成了对自己的否定，这是否定之否定。伴随着资本主义生产的发展，劳动进一步社会化，土地和其他生产资料进一步转化为社会使用的即公共的生产资料，从而对私有者的进一步剥夺就会采取新的形式：所要剥夺的已经不再是独立经营的劳动者，而是剥削许多工人的资本家了，而这种剥夺是通过资本的集中和垄断进行的，即一个资本家打倒许多资本家。如此，马克思就根据对资本主义的基本矛盾即社会化生产与资本主义私人占有之间的矛盾的分析，揭示了资本主义必然灭亡的历史趋势："资本的垄断成了与这种垄断一起并在这种垄断之下繁盛起来的生产方式的桎梏。生产资料的集中和劳动的社会化，达到了同它们的资本主义外壳不能相容的地步，这个外壳就要炸毁了，资本主义私有制的丧钟就要响了。剥夺者就要被剥夺了。"[1]

---

[1] [德] 马克思：《资本论》第一卷，中共中央编译局编译：《马克思恩格斯文集》5，人民出版社 2009 年版，第 874 页。

马克思认为，资本主义必然灭亡是不可改变的自然规律，尽管这种规律所引起的社会对抗可能存在着程度的差异，而这些规律发生作用却具有铁的必然性。不过，虽然从资本的分析解剖得出了资本主义必然灭亡的历史结论，但他并不否定资本主义为取代它的共产主义所准备的必要条件的重大意义。

资本主义必然灭亡、社会主义必然胜利的最直接的根据在于资产阶级和无产阶级的对立。在马恩看来，虽然至今的一切社会都是建立在压迫阶级和被压迫阶级的对立之上的，但为了有可能压迫一个阶级，就必须保证这个阶级至少有能够勉强维持它的奴隶般的生存的条件。然而，现代的情况却相反，作为被压迫阶级的工人并不是随着工业的进步而上升，而是越来越降低到根本的生存条件之下。工人变成赤贫，贫困比人口和财富增长得还要快。如此一来，资产阶级就再也不能做社会的统治阶级了，再也不能把自己阶级的生存条件当作支配一切的规律强加于社会了。资产阶级生存和统治的根本条件，是财富在私人的积累，是资本的形成和增殖。资本的条件是雇佣劳动，而雇佣劳动完全是建立在工人的自相竞争之上的。这样，一方面资产阶级无意中造成而又无力抵抗的工业进步，另一方面这种工业进步又使工人通过结社而达到的革命联合代替了他们由于某种竞争而造成的分散状态。于是，随着大工业的发展，资产阶级赖以生产和占有产品的基础本身也就从它的脚下被挖掉了，而且它还生产了它自己的掘墓人。据此，马恩宣告："资产阶级的灭亡和无产阶级的胜利是同样不可避免的。"[1]

---

[1] [德]马克思、恩格斯：《共产党宣言》，中共中央编译局编译：《马克思恩格斯文集》2，人民出版社2009年版，第43页。

2. 人全面而自由发展的理想社会

马恩构想的共产主义理想社会所直接针对的是资本主义的异化及其所导致的工人阶级的贫困化。

马恩认为,在资本主义社会,工人降低为商品,而且降低为最贱的商品,工人的贫困同他们的影响和规模成反比,竞争的必然结果是资本在少数人手中积累起来,资本家和地租所得者之间、农民和工人之间的区别消失,整个社会分化为两个阶级,即有产者阶级和没有财产的工人阶级。马克思将这种情形归结为人劳动的异化。这种异化表现在两个方面:其一,工人与劳动产品这个异己的、统治着他的对象的关系。这种关系同时也是工人与感性的外部世界、与自然对象(异己的、与他敌对的)的关系。其二,在劳动过程中劳动与生产行为的关系。这种关系是工人与他自己的活动(一种异己的、不属于他的活动)的关系。在异化劳动的条件下,每个人都按照他自己作为工人所具有的那种尺度和关系来观察他人。通过异化的、外化的劳动,工人生产出一个同劳动疏远的、站在劳动之外的人与这个劳动的关系。

在马恩看来,资本主义社会劳动异化的根源在于私有制。资产阶级虽然消灭了封建所有制,但并没有否定私有制,相反在旧的私有制的基础上建立了新的私有制。资产阶级极大地发展了生产力,使社会财富大大丰富起来,但社会生产力和财富却集中在为数极少的资产者手中。在马恩看来,封建主义的君主政体实行的是专制制度。"专制制度的唯一原则就是轻视人类,使人不成其为人,而这个原则比其他很多原则好的地方,就在于它不单是一个原则,而且还是事实。专制君主总是把人看得很下贱。君主政体的原则总的说来就是轻视人,蔑视人，使人不成其为人。"[1]资产阶级废除了封建专制的"轻视人，蔑视人，使人不成其为人"的原则，但建立在私有制基础上的资本主义社会，"就它的无人性和残酷性来说不亚于古代的奴隶制度"[2]。

正是为了彻底结束资本主义社会的无人性和残酷性，解放全人类，马恩提出建立一种代替资本主义社会的共产主义社会，并从社会整体结构、社会的经济生活和政治生活，以及人与自然王国的关系角度对共产主义社会提出了构想。

第一，共产主义社会是消灭了阶级的自由人联合体，每一个人在其中都能获得全面而自由发展。当无产级消灭了资产阶级的时候，社会就只有无产阶级一个阶级，当然社会也就再也无阶级。在马恩看来，在没有了阶级和阶级对立后的社会，所有的人都是自由的，每一个人的自由发展以其他所有人的自由的发展为条件，因而社会成员是普遍自由的，而社会则是一种"以每一个个人的全面而自由发展为基本原则"[3]的自由人联合体。"代替那存在着阶级和阶级对立的资产阶级旧社会的，将是这样一个联合体，在那里，每个人的自由发展是一切人的自由发展的条件。"[4]

在共产主义社会人的自由发展并不是片面的，而是全面的，特别是克服了由分工导致的异化和畸形发展。在马恩看来，共产主义社会

---

[1] [德]马克思：《摘自〈德法年鉴〉的书信》(1843年9月)，《马克思恩格斯全集》第1卷，人民出版社1956年版，第411页。
[2] [德]恩格斯：《国民经济学批判大纲》，中共中央编译局编译：《马克思恩格斯文集》1，人民出版社2009年版，第58页。
[3] [德]马克思：《资本论》第一卷，中共中央编译局编译：《马克思恩格斯文集》5，人民出版社2009年版，第683页。
[4] [德]马克思、恩格斯：《共产党宣言》，中共中央编译局编译：《马克思恩格斯文集》2，人民出版社2009年版，第53页。

是没有分工的，社会成员可以摆脱社会分工对自己的束缚，按照自己的兴趣行事。"在共产主义社会里，任何人都没有特殊的活动范围，而是都可以在任何部门内发展，社会调节着整个生产，因而使我有可能随着自己的兴趣今天干这事，明天干那事，上午打猎，下午捕鱼，傍晚从事畜牧，晚饭后从事批判，这样就不会使我老是一个猎人、渔夫、牧人或批判者。"[1] 恩格斯描述说，现在已被机器破坏了的分工将完全消失。教育将使年轻人能够很快熟悉整个生产系统，将使他们能够按社会需要或者他们自己的爱好，轮流地从一个生产部门转到另一个生产部门。这样，根据共产主义原则组织起来的社会，将使自己的成员能够全面发挥他们的得到全面发展的才能。由于根据共产主义原则组织起来的社会一方面不容许阶级继续存在，另一方面这个社会的建立本身又为消灭阶级提供了手段，因此在这里各个不同的阶级也必然消灭。从事农业和工业的将是同一些人，而不是两个不同的阶级，因而城市与乡村的对立也将消失。

第二，共产主义社会是物质文明高度发达的社会，社会成员过上了充裕的物质生活，实行按需分配。马恩充分肯定资本主义生产对人类的贡献，并认为共产主义必须以资本主义生产创造的物质条件为基本前提，只有具备了这样的前提，才能建设以每一个人的全面而自由发展为基本原则的共产主义社会。马克思说：同时，共产主义由于冲破了资本主义生产关系的束缚，使生产力得到解放，生产可以实现增长，从而可以保证社会成员过上富足的物质生活。在马克思看来，共产主义有一个从低级阶段到高级阶段的发展过程。到了共产主义的高

---

[1] [德] 马克思、恩格斯：《德意志意识形态》，中共中央编译局编译：《马克思恩格斯文集》1，人民出版社 2009 年版，第 537 页。

级阶段，社会分工消失，人们自觉地将劳动作为生活的第一需要，尽其所能地为社会作贡献，社会因而生产力高度发达，物质生活富足充裕。在这样的社会条件下，可以按照人们的需要进行劳动产品的分配。马克思认为，要提高社会生产水平，要造就全面发展的人，就要将生产劳动同智育和体育结合起来。"未来教育对所有已满一定年龄的儿童来说，就是生产劳动同智育和体育相结合，它不仅是提高社会生产的一种方法，而且是造就全面发展的人的唯一方法。"[1]

第三，共产主义社会是以公为制为基础的有计划的产品经济社会，以谋求剩余价值为目的的商品经济不复存在。马恩认为，共产主义社会不仅消灭了资本主义私有制，而且消灭了一切私有制，生产资料社会占有。他们在《共产主义者同盟中央委员会告同盟书》中明确指出："对我们说来，问题不在于改变私有制，而只在于消灭私有制，不在于掩盖阶级对立，而在于消灭阶级，不在于改良现存社会，而在于建立新社会。"[2] 马克思在《资本论》中设想，在一个自由人联合体中，他们用公共的生产资料进行劳动，并且自觉地把他们许多个人劳动力当作一个社会劳动力来使用。在那时，鲁滨孙的劳动的一切规定又重演了，不过不是在个人身上，而是在社会范围内重演。鲁滨孙的一切产品只是他个人的产品，因而直接是他的使用物品。这个联合体的总产品是一个社会产品。这个产品的一部分重新用作生产资料。这个部分依旧是社会的。而另一部分则作为生活资料由联合体成员消费。因此，这一部分要在他们之间进行分配。这种分配的方式会随着

---

[1] [德] 马克思：《资本论》第一卷，中共中央编译局编译：《马克思恩格斯文集》5，人民出版社 2009 年版，第 556—557 页。
[2] [德] 马克思、恩格斯：《共产主义者同盟中央委员会告同盟书》，中共中央编译局编译：《马克思恩格斯文集》2，人民出版社 2009 年版，第 192 页。

社会生产有机体本身的特殊方式和随着生产者的相应的历史发展程度而改变。相对于商品生产而言，每个生产者在生活资料中得到的份额是由他的劳动时间决定的。这样，劳动时间就会起双重作用。一方面，劳动时间的社会的有计划的分配，调节着各种劳动职能同各种需要的适当的比例。另一方面，劳动时间又是计量生产者在共同劳动中个人所占份额的尺度，因而也是计量生产在共同产品的个人可消费部分所占份额的尺度。在《哥达纲领批判》中，马克思又进一步强调了共产主义社会的劳动产品与资本主义社会的劳动产品的不同表现方式。他说："在一个集体的、以生产资料公有为基础的社会中，生产者不交换自己的产品；用在产品上的劳动，在这里也不表现为这些产品的价值，不表现为这些产品所具有的某种物的属性，因为这时，同资本主义社会相反，个人的劳动不再经过迂回曲折的道路，而是直接作为总劳动的组成部分存在着。"[1] 恩格斯认为，一旦社会占有了生产资料，商品生产就将被消除，而产品对生产者的统治也将随之消除。社会生产内部的无政府状态将为有计划的自觉的组织所代替。

第四，共产主义社会是没有民族分隔和对立的社会，公共权力失去了政治性质，社会意识形态也会消失。在马恩看来，随着资产阶级的发展，随着贸易自由的实现和世界市场的建立，随着工业生产以及与之相适应的生活条件的趋于一致，各国人民之间的民族分隔和对立日益消失。而在无产阶级的统治之下，民族分隔和对立会更快地消失。同时，人对人的剥削一消灭，民族对民族的剥削就会随之消灭；民族内部的阶级对立一消失，民族之间的敌对关系就会随之消失。他们认

---

[1] [德] 马克思：《哥达纲领批判》，中共中央编译局编译：《马克思恩格斯文集》3，人民出版社 2009 年版，第 433-434 页。

为，联合的行动，至少是各文明国家的联合行动，是无产阶级获得解放的首要条件之一。从这种意义上看，共产主义社会是世界性的，而非一国的。由于阶级统治不复存在，国家消亡，整个人类都是由自由人构成的联合体，因而公共权力也就失去了政治性质。在马恩看来，各个世纪的社会意识，尽管形形色色、千差万别，但总是在某些共同的形式中运动的。当阶级对立完全消失的时候，这些意识形态也会完全消失。不仅如此，共产主义革命还要破除传统的观念意识。"共产主义革命就是同传统的所有制关系实行最彻底的决裂；毫不奇怪，它在自己的发展进程中要同传统的观念实行最彻底的决裂。"[1]

第五，共产主义社会是人类成为自然、社会和自身主人的社会，人类从必然王国进入了自由王国。在恩格斯看来，无产阶级将取得公共权力，并且利用这个权力把脱离资产阶级掌握的社会化生产资料变为公共财产。通过这个行动，无产阶级使生产资料摆脱了它们迄今具有的资本属性，使它们的社会性质有充分的自由得以实现。从此按照预定计划进行的社会生产就成为可能的了。生产的发展使不同社会阶级的继续存在成为时代错乱。随着社会生产的无政府状态的消失，国家的政治权威也将消失，个体生存斗争也就会停止了，人在一定意义上，才最终地脱离了动物界，从动物的生存条件进入真正人的生存条件。"人终于成为自己的社会结合的主人，从而也就成为自然界的主人，成为自身的主人——自由的人。"[2] 人们自己的社会行动的规律，一直作为异己的、支配着人们的自然规律而同人们相对立的规律，那

---

[1] [德] 马克思、恩格斯：《共产党宣言》，中共中央编译局编译：《马克思恩格斯文集》2，人民出版社2009年版，第52页。
[2] [德] 恩格斯：《社会主义从空想到科学的发展》，中共中央编译局编译：《马克思恩格斯文集》3，人民出版社2009年版，第566页。

时就将被人们熟练地运用,因而将听从人们的支配。人们自身的社会结合一直是作为自然界和历史强加于他们的东西而与他们相对立的,现在则变成他们自己的自由行动了。"这是人类从必然王国进入自由王国的飞跃。"[1] 在恩格斯看来,完成这一解放世界的事业,是现代无产阶级的历史使命。

3. 通向共产主义之路

马恩认为,无产阶级要解放自己,就必须进行无产阶级革命,通过无产阶级的不断革命达到废除一切私有制的目的,实现共产主义。共产主义现在已经不再意味着凭空设想的一种尽可能完善的社会理想,而是意味着深入理解无产阶级所进行的斗争的性质、条件以及由此产生的一般目的。马恩认为,无产阶级的革命就是社会主义革命。"这种社会主义就是宣布不断革命,就是无产阶级的阶级专政,这种专政是达到消灭一切阶级差别,达到消灭这些差别所由产生的一切生产关系,达到消灭和这些生产关系相适应的一切社会关系,达到改变由这些社会关系产生出来的一切观念的必然的过渡阶段。"[2]

马恩力图使无产者相信,他们只有通过革命才能获得解放,才能拥有自己成为主人的新世界。他们指出,过去一切阶级在争得统治之后,总是使整个社会服从于它们发财致富的条件,企图以此来巩固它们已经获得的生活地位。过去的一切运动都是少数人的,或者为少数人谋利益的运动。无产阶级的运动是绝大多数人的、为绝大多数人谋利益的运动。无产阶级,现今社会的最下层,如果不炸毁构成官方社

---

[1] [德] 恩格斯:《社会主义从空想到科学的发展》,中共中央编译局编译:《马克思恩格斯文集》3,人民出版社 2009 年版,第 564-565 页。
[2] [德] 马克思:《1848 年至 1850 年的法兰西阶级斗争》,中共中央编译局编译:《马克思恩格斯文集》2,人民出版社 2009 年版,第 166 页。

会的整个上层，就不能抬起头来，挺起胸来。无产者只有废除自己的现存的占有方式，从而废除全部现存的占有方式，才能取得社会生产力。无产者没有什么自己的东西必须加以保护，他们必须摧毁至今保护和保障私有财产的一切。"无产者在这个革命中失去的只是锁链。他们获得的将是整个世界。"[1]

革命是暴力斗争，无产阶级要进行革命，就不可避免流血。但是，无产阶级在进行革命斗争的过程中，如果有共产主义理论指导不仅会少流血，而且能更顺利地取得革命的成功。无产阶级所接受的社会主义和共产主义思想越多，革命中的流血、报复和残酷性就越少。在原则上，共产主义是超越资产阶级和无产阶级之间的敌对的。共产主义正是要消除这种敌对。无产阶级对他们的压迫者的愤怒是必然的，是正在开始的工人运动的最重要的杠杆。但是，共产主义比这种愤怒更进了一步，因为它不仅仅是工人的事业，而且是全人类的事业。

马恩认为，无产阶级进行革命，还需要共产党的领导。在他们看来，共产党不是同其他工人政党相对立的特殊政党。他们没有任何同整个无产阶级的利益不同的利益。他们不提出任何特殊的原则，用以塑造无产阶级的运动。共产党同其他无产阶级政党的不同地方只是：一方面，在无产者不同的民族的斗争中，共产党强调和坚持整个无产阶级共同的不分民族的利益；另一方面，在无产阶级和资产阶级的斗争所经历的各个发展阶段上，共产党始终代表整个运动的利益。因此，在实践方面，共产党是各国工人政党中最坚决的、始终起推动作用的部分；在理论方面，他们胜过其余无产阶级群众

---

[1] [德]马克思、恩格斯：《共产党宣言》，中共中央编译局编译：《马克思恩格斯文集》2，人民出版社2009年版，第66页。

的地方在于他们了解无产阶级运动的条件、进程和一般结果。共产党人的最近目的是使无产阶级形成为阶级,推翻资产阶级的统治,由无产阶级夺取政权,而其最终目的是要消灭私有制。"从这个意义上说,共产党人可以把自己的理论概括为一句话:消灭私有制。"[1] 废除先前存在的所有制关系,并不是共产主义所独具的特征。共产主义的特征并不是要废除一般的所有制,而是要废除资产阶级的所有制。同时,共产党人支持一切反对现存的社会制度和政治制度的革命运动,努力争取全世界民主政党之间的团结和协调。为此,马恩以这样一句响彻寰球的口号结束《共产党宣言》全书:"全世界无产者,联合起来!"[2]

马恩对无产阶级革命的进程提出了构想。他们认为,工人阶级革命的第一步就是使无产阶级上升为统治阶级,争得民主。但是,"工人阶级不能简单地掌握现成的国家机器,并运用它来达到自己的目的"[3],而必须建立无产阶级专政。在无产阶级取得政治统治地位之后,首先要建立民主的国家制度,从而直接或间接地建立无产阶级的统治。同时,无产阶级还将要利用自己的政治统治,一步一步地夺取资产阶级的全部资本,把一切生产工具集中在国家即组织成为统治阶级的无产阶级手里,并且尽可能快地增加生产力的总量。

马恩认为,共产主义革命将不仅仅是一个国家的革命,而是将在

---

[1] [德] 马克思、恩格斯:《共产党宣言》,中共中央编译局编译:《马克思恩格斯文集》2,人民出版社2009年版,第45页。
[2] [德] 马克思、恩格斯:《共产党宣言》,中共中央编译局编译:《马克思恩格斯文集》2,人民出版社2009年版,第66页。
[3] [德] 马克思:《法兰西内战》,中共中央编译局编译:《马克思恩格斯文集》3,人民出版社2009年版,第151页。

一切文明国家里，至少在英国、法国、德国同时发展的革命。大工业建立的世界市场把全球各国人民，尤其是各文明国家的人民，彼此紧紧地联系起来，以至每一个国家的人民都受到另一国家发生的事情的影响。同时，大工业使所有文明国家的社会发展大致相同，以至在所有这些国家，资产阶级和无产阶级都成了社会上两个起决定作用的阶级，它们之间的斗争成了当前的主要斗争。在这些国家的每一个国家中，共产主义革命发展得较快或较慢，要看这个国家是否有较发达的工业，较多的财富和比较大量的生产力。共产主义革命也会大大影响世界上其他国家，会完全改变并大大加速它们原来的发展进程。它是世界性的革命，所以将有世界性的活动场所。

马恩清楚地意识到，从无产阶级夺取政权到共产主义的完全实现有一个过程。在共产主义初级阶段，社会生活的各个方面都带有旧社会的痕迹和弊病，这样一些旧的痕迹和弊病，需要一个过程才能克服。马克思明确指出："我们这里所说的是这样的共产主义社会，它不是在它自身基础上已经发展了的，恰好相反，是刚刚从资本主义社会中产生出来的，因此它在各方面，在经济、道德和精神方面都还带着它脱胎出来的那个旧社会的痕迹。"[1] 所以，在共产主义初级阶段，还不能实行按需分配，而只能实行按劳分配。每一个生产者，在作了各项扣除以后，从社会领回的，正好是他给予社会的。他给予社会的，就是他个人的劳动量。他以一种形式给予社会的劳动量，又以另一种形式领回来。因此，在提供的劳动相同，从而由社会消费基金中分得的份额相同的条件下，某一个人事实上所得到的比另一个多些，也就

---

[1] [德] 马克思：《哥达纲领批判》，中共中央编译局编译：《马克思恩格斯文集》3，人民出版社 2009 年版，第 434 页。

比另一个富些，如此等等。这些都是一些弊病，"但是这些弊病，在经过长久阵痛刚刚从资本主义社会产生出来的共产主义社会第一阶段，是不可避免的。权利决不能超出社会的经济结构以及由经济结构制约的社会的文化发展。"[1] 但要避免所有这些弊病，权利就不应当是平等的，而应当是不平等的。

六、新时代幸福观的融合创新

新时代幸福观是以中国人民过上美好生活为奋斗目标并追求其实现的人民幸福观，是中国共产党将人类有史以来的崇高梦想变为宏伟蓝图并诉诸政治力量在大国付诸实践的幸福观，是全球化背景下为世界各国共同进步发展和人类幸福事业提供中国经验的具有普世意义的幸福观。它源自马克思恩格斯的共产主义理想，孕育于中国人从站起来到富起来再到强起来的中国革命和建设的漫长历史过程，植根于优秀的中国传统文化，奠基于中华民族伟大复兴和社会主义现代化建设的伟大实践，反映了中华民族和中国人民千百年来的深沉渴望和伟大梦想。马克思主义和马克思主义中国化的理论成果是它的思想理论根据，中国特色社会主义建设实践是它的社会现实支撑，它在吸取了人类思想史上一切有价值幸福观的合理内容的基础上通过融合创新实现了幸福观的历史性跨越。与历史上所有幸福观不同，它不是某位思想家提出并论证的理论幸福观，也不是社会公众自发奉行的日常幸福观，而是一种中国共产党集中全党和全

---

[1] [德] 马克思：《哥达纲领批判》，中共中央编译局编译：《马克思恩格斯文集》3，人民出版社2009年版，第435-436页。

国各族人民智慧并在大胆践行的幸福观，是理论创新与实践创造相统一的幸福观。它充分体现了全国各族人民的强烈愿望和热切企盼，正在为社会公众普遍认同、信奉和践行的幸福观。这种幸福观必将指引中国人民过上更加美好的幸福生活。

1. 对古典幸福观的弘扬

新时代幸福观虽然形成于党的十八大之后，但有深厚的传统思想文化底蕴，是对中国古典"五福"幸福观的传承和创新。

古老的中华民族原本是一个崇尚幸福的民族，早在四千多年前的尧舜禹时代，幸福观念已经萌生，并成为中国人最古老的文化基因。至春秋战国时期中国古典幸福观已形成并流行。它建立在"道""德"观念基础之上，认为天地万物禀赋了"道"而获得了自己的"性"，事物产生、存在、发展、繁荣的价值或意义就在于把自己的"性"充分地实现出来。当事物把自己的"性"充分实现时，事物就具有了最高的德性。人性也是从"道"禀赋而来的，人生幸福实际上就是把从"道"那里禀赋的人性开发和发挥出来，这也就是德。幸福作为人之德与事物物性得到充分实现之德，在最终的根基上即道上是同一的，因而两类德也是相通的。与其他事物的德不同在于，人之德是按照人的意图通过自己自为地成己、成人、成物、成天实现的，而其他事物的德即便在客观上得到了实现，也不会是自为的。因此，人之德不是一般的德，而是宇宙万物之中最高层次的德。当这种德达到完善的程度时，即性得到充分实现，它就是至德或玄德。至德同时也是至福。德与福、至德和至福是统一的，统一于人性的自我实现。不过，在自秦代开始的两千多年的宗法皇权主义时代，古典幸福观淡出了占统治地位的意识形态，这一文化基因由于宗法皇权专制统治而发生了变异。

在我国走进中国特色社会主义新时代的今天，在激活和弘扬古典幸福观特别是"德即福"观念这一中华文化古老基因的基础上，根据全球化时代和现代化强国建设实践的需要构建了一种理论化、系统化的中国特色社会主义幸福观。它是一种以人民为中心，以人民过上美好生活为目标，以个人全面发展、社会全面进步和生态全面改善为主旨，以解决新时代中国发展不平衡不充分问题为使命，以各国文明为借鉴、着眼于人类命运共同体建设的幸福观。新时代幸福观一方面弘扬了以追求个人德性和人格完善为最高目标、以实现个人生活整体完善为基本内容、以重视个人修身作为实现人生完善的主要途径的古典幸福观；另一方面又在幸福主体、幸福内容、实现幸福的途径等有关幸福的一系列问题上极大地丰富、发展和完善了古典幸福观，对古典幸福观进行了创造性转化和创新性发展，使中国幸福观发生了深刻变革和历史性跨越。新时代幸福观是习近平新时代中国特色社会主义思想的组成部分和核心内容，是引领中国人民从"富"起来到"强"起来、从"强"起来走向"福"起来的行动指南和基本遵循，同时也是给世界各国人民走向幸福提供的"中国智慧"和"中国方案"。其内容极其丰富，意蕴十分深远，

　　任何一种幸福观都有一个基本立场问题，即所谈的幸福是谁的和为了谁。中国古代幸福观像历史上的许多幸福观一样，幸福的主体是个人，所关心的是个人的幸福，包括个人的幸福是什么和个人如何获得幸福。当然，在如何获得幸福方面，中国古典幸福观也特别重视家和国的重要性，把个人幸福与家齐、国治、天下平紧密地联系起来。就此而言，中国古典幸福观具有鲜明的民族特色。新时代幸福观在幸福主体问题上也注重社会成员个人的幸福，重视家庭和睦和社会和谐的重要性，但同时又将三者统一于中国人民即中国全体社会成员的普

遍幸福上，它所深切关注的是如何满足中国人民日益增长的美好生活需要。新时代幸福观在幸福主体问题上不仅是对中国古典幸福观，而且是对人类历史上所有旨在解决个人幸福问题的幸福观中的优秀内容的弘扬和超越。

立场问题是个根本问题，站在人民的立场与站在个人的立场，将会对什么是幸福问题作出不同的回答。立足点是个人的古典幸福观当然主要是考虑个人幸福，关心的是个人生活的各个方面，落脚点是个人生活的完善；立足点是人民的新时代幸福观所要考虑的问题就要复杂得多，它不仅要关心人民中每一个体的幸福，个体的全面发展，而且要重视作为人民整体福祉实现的各方面条件。新时代幸福观最终的落脚点是每一个中国人的幸福，但关注的重点是人民普遍幸福所需要的经济、政治、文化、社会、生态等各方面的条件。因此，新时代幸福观在充分考虑个人幸福的同时，着重关注的是如何实现每一个人的幸福，如何实现全体人民共同生活美好这一更根本的问题，其内涵比古典幸福观要丰富得多。

任何完整的幸福观，既包括对什么是幸福的理解，也包括对如何获得幸福的策划。古典幸福观对如何获得幸福有系统的阐述。《尚书·洪范》是统治大法，也是价值体系，从幸福观的角度看，它包括了对什么是幸福和如何获得幸福的回答。"五福"是"九畴"中的最后一畴，它实际上就是大禹设定的社会价值目标。前面的八畴大致上都可被视为实现"五福"的途径，如谨慎于君王自身的五事（"五事"），勉力办好的八项政务（"八政"），君王的统治准则（"皇极"）等。这表明"五福"幸福观作为统治者的幸福观，它是务实的。但是，在后来传统社会的历史发展中，思想家特别是儒家思想家越来越重视道德，片面地发展了"五福"中的"攸好德"，把修身特别是修养德性看作是实现幸福的主要途径，以至于《大学》中宣称"自天子以至于庶人，壹是皆以修身为本"。新时代幸福观也非常重视人的道德完善，强调个人道德修养对于人的全面发展和过上美好生活的重要意义，但它更重视全社会每一个成员获得全面发展和过上美好生活所需要的各种条件和所面临的各种问题。它谋划如何让人民生活更加幸福美满，并诉诸中国特色社会主义建设的伟大实践来提供人民美好生活所需要的条件并解决所面临的各种问题，其着眼点是谋求经济、政治、文化、社会和生态全面协调发展，为人民生活更加美好创造充分条件。

纵观历史，迄今为止人类总是生活在一定的基本共同体之中。人的幸福是直接与基本生活共同体（社会）的好坏相联系的，但同时也受境外基本共同体的影响。当一个基本共同体与境外的其他基本共同体处于和平状态时，生活在这个共同体中的人才可能幸福生活；相反，如果它与其他共同体处于战争状态，交战各方的人民都不可能有真正的幸福。自先秦时期，中国大多数时期国家是大一统的，即所谓"普天之下，莫非王土；率众之滨，莫非王臣"（《诗·小雅·北山》）。虽然在华夏民族周边也有一些不属于华夏民族的少数民族，但他们通常也因为中原统治者的恩威而向其称臣进贡。因此，中国自尧舜时代就有了"天下"观念，范围涵盖华夏民族及外域的民族，即古人能够想象的世界。古代中国对周边民族始终是友好的，视之为兄弟，因而中国古人有一种天下情怀。从这种意义上看，古典幸福观是一种具有天下情怀的幸福观。当然，这种"天下"今天看来在疆域上非常有限，充其量不超过东亚。鸦片战争后，西方列强的入侵，中国人才真正意识到过去天下概念的局限，逐渐形成了世界的概念。

今天，中国不仅参与了世界化、全球化的进程，而且"日益走近世界舞台中央"，成为世界第二大经济体，正在向现代化强国迈进。在这样的历史背景下，如何促进世界和平和人类幸福，如何处理中国和世界的关系，如何推进人类命运共同体建设和共同价值体系建设，就成了新时代幸福观所需要回答的问题。新时代幸福观在继承、弘扬古典幸福观的天下情怀的基础上，将传统的对天下的关切转变为维护世界和平和促进人类幸福的实际贡献，落实到推进人类命运共同体建设的实际行动，充分体现了负责任大国的当代世界情怀、人类情怀。今天的世界、人类才是真正意义的"万邦""天下"。新时代幸福观是具有人类情怀或世界情怀的幸福观，或者说是完全意义的天下情怀幸福观，而古典幸福观只是不完全意义的天下情怀幸福观。

2. 让人民过上美好生活

新时代幸福观不是关于幸福的想法或看法，而是具有完整的幸福思想和理论体系，是一种系统化、理论化的幸福观，其内容极其丰富，意蕴十分深远，它对当代中国和人类面临的一系列重大幸福问题作出了系统的回答。作为一种思想理论体系，新时代幸福观至少包含五个方面的主要内容。这五个方面亦是新时代幸福观着力解决的五大问题，其核心是如何使中国人民过上更加美好的幸福生活。

其一，深刻阐述了人民幸福对于中国人民从富起来到强起来的历史性转变和实现中华民族伟大复兴的终极性意义。担任总书记伊始，习近平在参观《复兴之路》展览时的讲话中指出，实现中华民族伟大复兴就是中华民族近代以来最伟大的梦想，它是每一个中华儿女的共同期盼。在当选为国家主席时的就职讲话中，习近平指出，实现中华民族伟大复兴的"中国梦"就是要实现国家富强、民族振兴、人民幸福。

在这里，他明确将中华民族伟大复兴的终极指向定位于人民幸福，而且对此作了反复的强调。他说："中国梦是民族的梦，也是每个中国人的梦"；"中国梦归根到底是人民的梦"；实现中国梦，就是要"创造全体人民更加美好的生活"，"必须不断为人民造福"。[1] 对于如何实现中国梦，习近平指出：实现中国梦，必须走中国道路，这就是中国特色社会主义道路；必须弘扬中国精神，这就是以爱国主义为核心的民族精神，以改革创新为核心的时代精神；必须凝聚中国力量，即中国各族人民大团结的力量。他谆谆告诫全党："面对浩浩荡荡的时代潮流，面对人民群众过上更好生活的殷切期望，我们不能有丝毫自满，不能有丝毫懈怠，必须再接再厉、一往无前，继续把中国特色社会主义事业推向前进，继续为实现中华民族伟大复兴的中国梦而努力奋斗。"[2] 习近平在2015年春节对他曾经插队的村庄的考察使他更加深刻地认识到，"中国梦是人民的梦，必须同中国人民对美好生活的向往结合起来才能取得成功"[3]。

其二，把"人民对美好生活的向往"确定为党和国家的奋斗目标并规划了实现这一目标的不同阶段，使这一目标的实现落到实处。在担任中共中央总书记伊始，习近平在十八届中央政治局常委同中外记者见面时的讲话中就庄严承诺："人民对美好生活的向往，就是我们

---

[1] 习近平：《在第十二届全国人民代表大会第一次会议上的讲话》，《习近平谈治国理政》，外文出版社2014年版，第40、41页。

[2] 习近平：《在第十二届全国人民代表大会第一次会议上的讲话》，《习近平谈治国理政》，外文出版社2014年版，第39页。

[3] 习近平：《中国梦必须同中国人民对美好生活的向往结合起来才能取得成功》，《习近平谈治国理政》第二卷，外文出版社2017年版，第30页。

的奋斗目标。"[1]这是习近平为以他为核心的党中央治国理政确定的终极价值目标。他强调，实现这一目标是全党同志的重托和全国各族人民的期望，是对民族的责任、对人民的责任。习近平作为党的领导人深刻意识到饱受苦难、历尽沧桑的中国人民对幸福生活的强烈渴望，深刻意识到站起来、富起来的中国人民对美好生活的深切向往，深刻意识到党和政府对于人民群众日益增长的对美好幸福生活需要满足所承担的重大责任和历史使命。党的十九大报告要求全党同志一定要永远与人民同呼吸、共命运、心连心，永远把人民对美好生活的向往作为奋斗目标，以永不懈怠的精神状态和一往无前的奋斗姿态，继续朝着实现中华民族伟大复兴的宏伟目标奋勇前进。

人民的美好生活是伟大梦想和奋斗目标，其实现有一个过程。习近平在十九大报告中对这一过程作出了战略安排，即从全面建成小康社会到基本实现现代化，再到全面建成社会主义现代化强国。根据这一战略安排，人民美好生活逐步实现。到全面建成小康社会的2020年，我国文化更加繁荣，社会更加和谐，人民生活更加殷实。到基本实现社会主义现代化的2035年，我国人民平等参与、平等发展权利得到充分保障，人民生活更为宽裕，中等收入群体比例明显提高，城乡区域发展差距和居民生活水平差距显著缩小，基本公共服务均等化基本实现，全体人民共同富裕迈出坚实步伐，生态环境根本好转，美丽中国目标基本实现。到我国建成富强民主文明和谐美丽的社会主义现代化强国的21世纪中叶，我国物质文明、政治文明、精神文明、社会文明、生态文明将全面提升，全体人民共同富裕基本实现，我国人民将享有

---

[1] 习近平：《人民对美好生活的向往，就是我们的奋斗目标》，《习近平谈治国理政》，外文出版社2014年版，第4页。

更加幸福安康的生活，中华民族将以更加昂扬的姿态屹立于世界民族之林。

其三，明确界定了以"人民幸福"和"人民美好生活"为核心内容的幸福的内涵，将其落脚点置于人民的获得感、幸福感和安全感。对于人民向往的美好生活，习近平作过多次阐述，并根据中国社会的进步发展不断丰富其内涵。党的十九大报告对人民日益增长的美好生活需要作了全面的概括。在我国稳定解决了十几亿人的温饱问题，总体上实现小康，不久将全面建成小康社会的新时代，人民美好生活需要日益广泛，"不仅对物质文化生活提出了更高的要求，而且在民主、法治、公平、正义、安全、环境等方面的要求日益增长"[1]。根据十九大报告，习近平心目中的人民美好生活可以概括为以下六个主要方面：一是在民主方面，坚持人民当家做主，"发展社会主义协商民主，健全民主制度，丰富民主形式，拓宽民主渠道，保证人民当家做主落实到国家政治生活和社会生活之中"；二是在法治方面，坚持全面依法治国，"坚持厉行法治，推进科学立法、严格执法、公正司法、全民守法"；三是在民生方面，要求"在幼有所育、学有所教、劳有所得、病有所医、老有所养、住有所居、弱有所扶上持续取得新进展"，不断实现好、维护好、发展好最广大人民根本利益，使发展成果更多更公平惠及全体人民；四是在公正方面，实现"社会公平正义"，"全体人民在共建共享发展中有更多获得感"；五是在安全方面，"建设平安中国"，"维护社会和谐稳定，确保国家长治久安、人民安居乐业"；六是在环境方面，"形成绿色发展方式和生活方式，坚定走生

---

[1] 习近平：《决胜全面建成小康社会夺取新时代中国特色社会主义伟大胜利——在中国共产党第十九次全国代表大会上的报告》，《人民日报》，2017年10月28日第1版。

产发展、生活富裕、生态良好的文明发展道路，建设美丽中国"。总体上看，人民美好生活就是人民共同富裕的生活，是"人的全面发展、社会全面进步"的生活，是人民有"获得感、幸福感、安全感"的生活，是人民在"富强民主文明和谐美丽的社会主义现代化强国"中生存发展的生活。

其四，从理论和实践的结合上回答了人民幸福所需要的条件特别是社会条件。党的十八大以来，我们党明确了让人民过上更加幸福生活所需要的各方面条件，并努力创造这些条件。其中最为重要的有：实现中华民族伟大复兴和社会主义现代化，培育和践行社会主义核心价值观，增强道路自信、理论自信、制度自信、文化自信，全面深化改革，建立社会主义法治国家，坚持和健全中国特色社会主义制度，推进国家治理体系和治理能力现代化等。让人民过上美好生活，必须实现中华民族的伟大复兴，国家富强、民族振兴才会有人民幸福。习近平指出，"实现我们的发展目标，不仅要在物质上强大起来，而且要在精神上强大起来"[1]。后来他又强调："实现中华民族伟大复兴的中国梦，物质财富要极大丰富，精神财富也要极大丰富。"[2]党的十八大把实现社会主义现代化和中华民族伟大复兴规定为建设中国特色社会主义的总任务。党的十八大还明确提出培育和践行社会主义核心价值观。习近平从关乎国家前途命运、关乎人民幸福安康的角度强调培育和践行社会主义核心价值观的重要性，指出确立社会主义核心价值观实际上回答了我们要建设什么样

---

[1] 习近平：《实干才能梦想成真》，《习近平谈治国理政》，外文出版社2014年版，第46页。
[2] 习近平：《人民有信仰，民族有希望，国家有力量》，《习近平谈治国理政》第二卷，外文出版社2017年版，第323页。

的国家、建设什么样的社会、培育什么样的公民的重大问题。[1]在庆祝中国共产党成立九十五周年大会上，习近平要求全党要坚定道路自信、理论自信、制度自信、文化自信，并强调文化自信是更基础、更广泛、更深厚的自信。党的十九大报告明确提出全党要更加自觉地增强"四个自信"。党的十八届三中全会作出了全面深化体制改革的若干重大问题的决定，党的十八届四中全会作出了全面推进依法治国若干重大问题的决定，党的十九届四中全会作出了坚持和完善中国特色社会主义制度，推进国家治理体系和治理能力现代化若干重大问题的决定。所有这些重大决定从理论和实践相结合上极大地丰富了新时代中国幸福观的内涵和意蕴。

其五，准确把握了实现人民幸福的关键即解决中国特色社会主义新时代面临的主要矛盾，并提出了解决这一主要矛盾的一系列基本方略和重大举措。中国共产党人的初心和使命激励中国共产党人带领全国人民从站起来到富起来，今天中国进入到从富起来到强起来的新时代。不同时代有不同的社会主要矛盾，在中国特色社会主义新时代，我国的社会主要矛盾已经转化为人民日益增长的美好生活需要和不平衡不充分的发展之间的矛盾。发展不平衡不充分"已经成为满足人民日益增长的美好生活需要的主要制约因素"[2]。今天要不忘初心，继续前进，更好满足人民在经济、政治、文化、社会、生态等方面日益增长的需要，更好推动人的全面发展、社会全面进步，就必须着力解决好发展不平衡不充分的问题。为了解决这一问题，党中央规划了

---

[1] 参见习近平：《青年要自觉践行社会主义核心价值观》，《习近平谈治国理政》，外文出版社2014年版，第168－169页。
[2] 习近平：《决胜全面建成小康社会夺取新时代中国特色社会主义伟大胜利——在中国共产党第十九次全国代表大会上的报告》，《人民日报》，2017年10月28日第1版。

新形势下治国理政的战略目标和战略举措，党的十九大报告中提出了十四条基本方略和九条重大举措就是其具体表达。这些基本方略和重大举措是以习近平同志为核心的党中央为解决新时代主要矛盾，实现中华民族伟大复兴，满足人民日益增长的美好生活需要提出的我国发展的路线图和建设的施工图。贯穿这些方略和举措之中的核心是习近平一以贯之坚持的以人民为中心、人民当家做主的坚定立场，创新、协调、绿色、开放、共享的新发展理念，"五位一体"的总体布局和"四个全面"的战略布局。

3. 五大基本特征

新时代幸福观着重关注中国人民的幸福，同时也观照世界人民的幸福，将中国人民幸福与世界人民幸福关联起来统筹考虑、统筹规划。习近平所言幸福的主体是人民，是"一个都不能少"[1]的社会成员，所言幸福的内容是所有社会成员的美好生活，包括作为个人全面发展的个人生活，作为社会全面进步的社会条件，以及作为人与自然和谐共生的美丽环境。新时代幸福观的所有这些特殊性决定了它具有独特的个性和不同于人类有史以来所有其他幸福观的特征。

概括地说，新时代幸福观的主要特征主要有以下五个方面：

第一，它是站在人民立场上，以人民为中心、为人民谋幸福的人民幸福观。任何一种幸福观都有它所指向的主体，即幸福主体，所涉及的是幸福是谁的和为了谁的幸福这两层密不可分的含义。对于各

---

[1] 习近平在亚太经合组织工商领导人峰会上的主旨演讲中说："全面建成小康社会，13亿多中国人，一个都不能少。"（《抓住世界经济机遇 谋求亚太更大发展》，人民网，2017年11月10日）习近平在2015减贫与发展高层论坛上曾表示，"全面小康是全体中国人民的小康，不能出现有人掉队。"（《打响扶贫攻坚战 "领路人"习近平不让一个人掉队》，《中国青年报》2016年2月10日）

种不同的幸福观来说，幸福所指向的主体有四种可能的情形：其一，它是持这种幸福观的人，现实生活中许多人的幸福观只是就自己而言的；其二，它不是持这种幸福观的人，而是其他的人，如一些父母亲以孩子的幸福为幸福，且一切为了孩子的幸福；其三，它是包括持这种幸福观的人自己在内的所有人，历史上思想家的幸福观大多是这种幸福观；其四，它是包括持这种幸福观的人自己在内的全体社会成员，这里的全体社会成员即是今天所说的一个国家的人民。新时代幸福观属于第四种类型，即以中国全体人民为幸福主体的幸福观。新时代幸福观的根本立场是人民，人民是幸福的主体，人民是幸福的创造者和享受者。习近平要求，作为中国人民忠实代表的执政党中国共产党必须一切为了人民、一切依靠人民，充分发挥广大人民群众的积极性、主动性、创造性，不断把为人民造福的事业推向前进。他说："中国梦归根到底是人民的梦，必须紧紧依靠人民来实现，必须不断为人民造福。"[1]

第二，它是以个人全面发展、社会全面进步和生态全面改善为主旨的全面幸福观或整体幸福观。与历史上所有思想家的幸福观不同，新时代幸福观是一种整体幸福观或全面幸福观。其整体性或全面性体现在三个方面：一是将好生活或美好生活理解为人获得全面发展的生活，好生活是日益增长的美好生活需要得到尽可能充分满足的生活；二是将好生活和好社会联系起来，好生活是通过社会全面进步实现人的全面发展的生活；三是将好生活、好社会与好生态联系起来，好生活是人与自然和谐共生的生活。就其强调人的全面发展、社会全面进

---

[1] 习近平：《在第十二届全国人民代表大会第一次会议上的讲话》，《习近平谈治国理政》，外文出版社2014年版，第40页。

步和生态全面改善而言，新时代幸福观是全面的幸福观；而说它是整体的幸福观，则是因为它强调个人的好生活不只是好的物质生活，也不只是好的道德生活，而是物质生活、道德生活乃至整个生活都是好的，也因为它强调社会与人、人与自然应是不可分割的和谐有机整体。这是中国传统"天人合一"观念的弘扬和创新。新时代幸福观是在吸收人类历史上的优秀思想元素和当代最新的科研成果基础上实现的幸福观念的超越和创新。

第三，它是以新的发展理念引领新时代中国特色社会主义建设事业的发展幸福观。我国在经济快速增长的同时出现了一系列社会问题，如分配不公、贫富两极分化、生态环境迅速恶化等问题。正是在这种新的历史背景下，以习近平同志为核心的党中央在总结国内外发展经济的教训的基础上深刻分析国内外发展大势，并针对我国发展中的突出矛盾和问题，提出了创新、协调、绿色、开放、共享的新发展理念。创新发展注重的是解决发展动力问题，着力实施创新驱动发展战略；协调发展注重的是解决发展不平衡问题，着力增强发展的整体性和协调性；绿色发展注重的是解决人与自然和谐问题，着力推进人与自然和谐共生；开放发展注重的是解决发展内外联动问题，着力形成对外开放新体制；共享发展注重的是解决社会公平正义问题，着力践行以人民为中心的发展思想。习近平把坚持新发展观看作是关系我国发展全局的一场深刻变革。他强调："这五大发展相互贯通、相互促进，是具有内在联系的集合体，要统一贯彻，不能顾此失彼，也不能相互替代。哪一个发展贯彻不到位，发展进程都会受到影响。"[1] 在五大

---

[1] 习近平：《以新的发展理念引领发展》，《习近平谈治国理政》第二卷，外文出版社 2017 年版，第 200 页。

发展理念中，习近平特别重视创新，指出创新是一个民族进步的灵魂，是一个国家兴旺发达的不竭动力，"在激烈的国际竞争中，惟创新者进，惟创新者强，惟创新者胜"[1]。他要求把创新作为引领发展的第一动力摆在国家发展全局的核心位置，"不断推进理论创新、制度创新、科技创新、文化创新等各方面创新，让创新贯穿党和国家一切工作，让创新在全社会蔚然成风"[2]。

第四，它是以解决新时代中国发展不平衡不充分问题为使命的实践幸福观。新时代幸福观产生于当代中国实践，又服务于当代中国实践，其实践性特别鲜明。人民对美好生活的向往是习近平为我们党和国家确定的奋斗目标，新时代实现这一目标最大的障碍是发展的不平衡不充分。为了解决这一问题，以习近平同志为核心的党中央确立了十四条基本方略，并根据这些基本方略制定了中国特色社会主义发展所需要解决的一系列问题的政策措施。如果我们把中国特色社会主义建设事业比作一项工程的话，那么，所有这些政策措施就是工程蓝图的施工图。当然，有了施工图，还需要建设。建设需要付出艰苦的努力，所以习近平特别强调实干的极端重要性。在上任中共中央总书记仅15天，习近平就在参观《复兴之路》展览时表达了以实干托举中国梦的决心。"空谈误国，实干兴邦"[3]，"实干才能梦想成真"[4]，

---

[1] 习近平：《创新正当其时，圆梦适得其势》，《习近平谈治国理政》，外文出版社2014年版，第59页。

[2] 习近平：《以新的发展理念引领发展》，《习近平谈治国理政》第二卷，外文出版社2017年版，第198页。

[3] 习近平：《实现中华民族伟大复兴是中华民族近代以来最伟大的梦想》，《习近平谈治国理政》，外文出版社2014年版，第36页。

[4] 习近平：《实干才能梦想成真》，《习近平谈治国理政》，外文出版社2014年版，第48页。

"大道至简，实干为要"[1]，所有这些论断都体现了新时代幸福观的鲜明实践特色。有了"工程蓝图"和"施工图"，再通过全体中国人民的实干精神和创造性劳动，人民对美好生活的向往就不再仅是一种美好的愿望，而是正在通过建设变成现实的美好生活。

第五，它是以各国文明为借鉴、着眼于人类命运共同体建设的开放幸福观。我们的时代是全球化的时代，经济全球化有力地推动了人类一体化进程。在这样的时代背景下谋求中国的发展和中国人民的幸福，离不开学习和借鉴世界各国特别是发达国家的文化和发展的经验教训，同时也需要和平、安全的世界环境。习近平对此有着深刻的意识和卓识的远见。他在2017年1月联合国日内瓦总部的演讲中说："中国人始终认为，世界好，中国才能好；中国好，世界才更好。"[2] 我们应该从不同文明中寻求智慧、汲取营养，为人们提供精神支撑和心灵慰藉，与各国携手解决人类共同面临的各种挑战。我们要将中国人民的美好生活置于全球化背景中加以考虑，一方面努力促进各国文明交流互鉴，另一方面努力营造中国人民幸福所需要的国际环境，着力推进人类命运共同体建设，这也是新时代幸福观具有的鲜明特色之一。

4. 创造美好生活之指南

作为党和国家倡导的幸福观，新时代幸福观是中国价值、中国精神、中国智慧、中国话语、中国力量、中国特色和中国优势的基本表达和主要标识。新时代幸福观不仅对于当代中国社会发展和中国人民

---

[1] 习近平：《共同构建人类命运共同体》，《习近平谈治国理政》第二卷，外文出版社2017年版，第541页。
[2] 习近平：《共同构建人类命运共同体》，《习近平谈治国理政》第二卷，外文出版社2017年版，第545页。

过上美好生活具有极其重大的引领作用和指导意义，而且在人类思想史上实现了幸福观的革命性变革，对于各国在幸福问题上形成共识、在全人类确立作为人类共同价值理念的幸福理念具有重大世界性意义，将会大大推动世界和平、繁荣和美好的进程，有力促进人类命运共同体向人类幸福共同体转化。新时代幸福观是我们党解决中国特色社会主义新时代发展不平衡不充分问题，实现中国人民对美好生活向往奋斗目标的行动指南，也是每一个中国人过上幸福生活的基本遵循。它必将引导中国人民从"强"起来走向"福"（"美好"）起来，同时给世界各国人民走向幸福提供"中国智慧"和"中国方案"，具有极其重大的实践意义。

　　新时代幸福观根据新时代我国的主要矛盾，从理论和实践的结合上系统回答了新时代我国社会发展应确立满足人民日益增长的美好生活需要的奋斗目标、解决不平衡和不充分发展与这种需要之间的矛盾这样一个实质性重大时代课题。因此，新时代幸福观是全党全国人民为满足人民日益增长的美好生活需要而奋斗的行动指南。《中国共产党第十九次全国代表大会关于十八届中央委员会报告的决议》指出，习近平新时代中国特色社会主义思想"是全党全国人民为实现中华民族伟大复兴而奋斗的行动指南，必须长期坚持并不断发展"[1]，党的十九大新通过的《中国共产党章程》也作了相应的明确规定。新时代幸福观是习近平新时代中国特色社会主义思想的重要组成部分和核心内容，因而它也是全体中国人民获得幸福和过上美好生活的行动指南，它作为一种思想观念也给每一个社会成员追求和创造幸福提供了观念

---

[1]《中国共产党第十九次全国代表大会关于十八届中央委员会报告的决议》，人民网，2017年10月25日。

指引和实践指导。

新时代幸福观从根本上克服了自古至今流行的德性幸福观和快乐幸福观的片面性和偏颇，在人类历史上第一次确立了全面的或整体的幸福观，有助于人们对幸福形成全新认识并形成全新观念，因而具有重大的理论意义。德性幸福观和快乐幸福观都是片面的、有偏颇的，其片面性和偏颇就在于它们都忽视了人的需要的多样性，偏执于人的需要的某一方面。由于这两种幸福观本身存在的问题，信奉其中的无论哪一种都会妨碍信奉者幸福的获得，这正是人类长期以来难以普遍获得幸福的根本性原因之一。与上述两种幸福观不同，新时代幸福观着眼于人民日益增长的对美好生活的向往考虑幸福问题，从根本上克服了上述两种幸福观的片面性和偏颇。它注重人的物质需要，主张通过消灭贫困追求社会成员的共同富裕，努力创造"幼有所育、学有所教、劳有所得、病有所医、老有所养、住有所居、弱有所扶"的社会物质条件。它也注重人的"德智体美"全面发展，同时努力通过推进"五位一体"总体布局、"四个全面"战略布局，促进社会全面进步，满足人民在民主、法治、公平、正义、安全、环境等方面日益增长的需要。

新时代幸福观在人类历史上第一次从理论和实践的结合上解决了长期困扰人类的物质需要满足与精神需要和社会政治需要满足的关系、社会成员个人全面发展与社会整体全面进步的关系、人与自然环境的关系三大幸福难题。因此，新时代幸福观不仅为中国人民过上美好的幸福生活提供了指导和遵循，而且对于世界各国具有重要的借鉴和启示意义，是解决人类幸福问题的"中国智慧""中国方案"和"中国经验"。从人类思想史的角度看，新时代幸福观对人类幸福观的根本性变革，不仅将对中国未来发展产生深远影响，指引中国人民走向幸福，而且还会深刻改变整个人类幸福观念，影响世界历史发展的方向，大大促进人类过上美好生活的进程。

新时代幸福观立足于民族振兴国家富强解决特定国家的幸福问题，而不是致力于描绘不切实际的抽象空泛的幸福乌托邦，它遵循的是从"实践—理论"到"理论—实践"的认识路线，从而在研究解决现实幸福问题方面，改变了坐而论道式的学理研究和思辨构建的传统学究方式，开创了以民族国家现实问题为导向的现代实践、理论良性互动的实践方式，具有重要的方法论意义。

在人类思想史上，有许多思想家（他们通常是学者）通过长期艰苦的研究构想了各种不同的理想人生和理想社会的图景，但这些理想几乎未曾实现过，即便儒家所极力推崇的理想人格，在传统社会实际上也是凤毛麟角，更多的是"伪君子""伪圣人"。究其原因，这些思想家的构想存在两个共同的局限：一是他们构想的图景远离现实，脱离实际，是一种空泛的图景，不具有可行性，其突出的表现是它们都是一般的、抽象的图景，而不是针对某一种特殊的基本生活共同体的。二是他们所构想的图景都没有提出针对当时突出社会问题的解决方案，不具有针对性，似乎在任何地方、任何时间都适用，而实际上并没有使之变成现实的路径。

历史事实证明，当人类生活在不同的基本生活共同体（社会）的情况下，不针对社会存在的特殊的根本性问题，通过单纯的思辨构想所编织的美好图景，是不可能得以实现的，它们只不过是想入非非的幻象。马克思恩格斯清楚地意识到了这一点，他们在总结空想共产主义者的教训和面对资产阶级统治的社会现实时，明确提出"哲学家们只是用不同方式解释世界，问题在于改变世界"[1]；"批判的武器当然不能代替武器的批判，物质的力量只能用物质力量来摧毁"[2]。马恩在人类思想史上首创了将理想变为现实的一般方法论。毛泽东、邓小平等中国老一辈无产阶级革命家运用这种方法解决了中国人民站起来、富起来的问题，并创立了毛泽东思想和中国特色社会主义理论。在中国特色社会主义新时代，习近平顺应时代的变化，创造性地运用这种方法解决我国新时代发展不平衡不充分问题，根据建设社会主义现代化强国的实践需要进行深入思考探索，并在此基础上从事理论创新，然后运用创新理论确定目标，设计宏图，安排布局，制订战略和政策措施，从而使理论见诸实践。习近平指出："中国特色社会主义是实践、理论、制度紧密结合的，既把成功的实践上升为理论，又以正确理论指导新的实践，还把实践中已见成效的方针政策及时上升为党和国家制度。"[3]这三者是实现途径、行动指南、根本保障，它们统一于中国特色社会主义的伟大实践上。

新时代幸福观在坚持马克思主义方法论的基础上，根据中国特色社会主义新时代的特殊历史背景和现实实践需要，使这种方法转化为当代具有普遍意义的解决幸福问题的一般方法论。这种方法论对于其他国家来说具有中国智慧和中国经验的意义，各国可借以立足本国建设发展的实践进行理论创新和实践创新，为本国人民谋福祉，为人类

---

[1] [德] 马克思：《关于费尔巴哈的提纲》，《马克思恩格斯文集》1，人民出版社2009年版，第502页。
[2] [德] 马克思：《〈黑格尔法哲学批判〉导言》，《马克思恩格斯文集》1，人民出版社2009年版，第11页。
[3] 习近平：《紧紧围绕坚持和发展中国特色社会主义学习宣传贯彻党的十八大精神》，《习近平谈治国理政》，外文出版社2014年版，第48页。

和平和幸福作贡献；对于从事幸福问题研究的学者来说可以促进他们改变传统的在书斋里坐而论道的做学问方式，直面本国以及世界的重大现实难题研究和解决幸福问题，使所构建的幸福理论更有效地造福于人类。

第二章
幸福观的新时代意蕴

幸福观是对幸福问题的回答。幸福问题包括密不可分的两个问题，即什么是幸福以及如何获得幸福。人们对幸福问题有种种不同的回答，思想家也对这一问题形成了多种不同的理论观念。因此，我们需要表达关于幸福问题的观点，并在此基础上阐述新时代幸福观给什么是幸福以及如何获得幸福的问题赋予了什么新的时代意涵。

一、人民幸福作为奋斗目标

新时代幸福观是对新时代中国人民普遍幸福问题的回答，它具有幸福及其实现的一般含义，又使这种一般意义具体化，从而获得它的特殊内涵。这种特殊内涵既关涉幸福的主体，又关涉幸福的时代。新时代幸福观之特殊就特殊在，其幸福主体不是任何单个人，而是中国人民；其幸福时代不是任何一个时代，而是中国特色社会主义新时代。新时代幸福观就是关于什么是新时代中国人民的幸福以及如何获得新时代中国人民的幸福的理论幸福观念。

1. 人民幸福：人民生活更加美好

新时代幸福观是关于新时代中国人民幸福的理论幸福观，那么它所关注的对象是中国人民幸福。"人民幸福"概念最早是江泽民在庆祝中国共产党成立八十周年大会上的讲话中明确提出。他指出，中国共产党的八十年是为民族解放、国家富强和人民幸福而不断艰苦奋斗、发愤图强的八十年。后来，习近平将人民幸福与国家富强、民族振兴作为"中国梦"的实质内涵。于是，"人民幸福"就成为了得到社会普遍认同的新时代价值观的关键词。党的十八大以来，在我国出现了"人民美好生活""人民生活更加美好""人民过上更加美好的生活""人民群众过上更加幸福美好的生活""人民对更加美好生活的向往"等

"高频词"。所有这些词都可以视为对"人民幸福"的简明解释，大致上与之同义。其中"人民美好生活"与"人民幸福"是完全同义的，而"人民生活更加美好"则更充分体现了"人民幸福"的意蕴，它一方面表明了人民幸福是人民过上美好生活，另一方面体现了人民美好生活的正面动态性，意味着不断朝着更加美好的方向发展。人民对美好生活的向往和追求，是社会经济发展水平不断提升的必然结果，人民美好生活的内涵也必将随着社会经济发展水平的提升不断丰富和扩展。因此，"人民生活更加美好"是"人民幸福"的最本质内涵。

"人民"在中国是一个古老的术语，早在《诗经》中就有"质尔人民，谨尔侯度，用戒不虞"（《诗经·大雅·抑》）的说法。在中国古代，"人"和"民"是两个概念，前者泛指属于人这个物种的个体成员，而后者则与"众""庶""黎"等概念相类似，指社会最底层的普通百姓。在汉语中，"人民"是一个集合名词，不能用量词限定它，如不能说"一个人民"或"一些人民"。中国共产党领导闹革命依靠的是最底层的劳苦大众，这些人就被看作是人民或人民群众，而与之对立的那些阶级（如地主阶级、资产阶级）则不属于人民，他们通常被视为"敌人"。因此，自中国共产党成立后，"人民"就成为一个与"敌人"相对立的政治术语，指占社会人口总数百分之九十以上的劳动人民群众。实行改革开放以后，"人民"一词的阶级色彩逐渐淡化，已经不是相对于敌人而言了。虽然今天许多中国人心目中的人民指的是普通百姓，但它应该是指所有具有中国国籍的公民，而不是指党政干部不在其中的大多数普通百姓。如果我们将人民理解为全体中国公民或全体中国社会成员，那么人民生活美好就是指全体中国社会成员（包括党政干部和罪犯）的幸福。今天，虽然"全体社会成员"与"人民"已成为外延上大体相同的概念，但"人民"更强调全体社会成员的全体性。

　　伦理学研究讲人类的生活理想是好生活，而对好生活的理解主要有三种基本观点：德性高尚的生活，物质富足的生活，德性高尚又物质富足的生活。人民生活更加美好，可以理解为德性高尚又物质富足的好生活。它进一步丰富和发展了好生活的内涵，更加重视生活的完善、和谐，更加重视真、善、美的统一。它不仅赋予好生活以完美的意蕴，而且致力于追求全体人民日益增长的美好生活需要的满足。应当说，人民美好生活既是人类好生活的中国形态，也是具有鲜明中华文化特色的好生活，是对伦理学研究意义上好生活的丰富与发展。

　　人民美好生活具有深厚的中华优秀传统文化根基。个人完善、天下大同、宇宙和谐，是中华优秀传统文化给美好生活奠定的三维基础。完善、大同、和谐既具有道德意义上善的含义，又具有审美意义上美的含义，是善与美的统一。这种善与美并非只是个人的追求，而是人类现实生活中实实在在的感受，因而是真实的。中国古人所憧憬的美好生活，就是这种真、善、美有机统一的生活。中国特色社会主义进入新时代，人民美好生活不仅在概念上获得了充分完整的意义，而且已经被确立为党和国家的奋斗目标，成为全体中国人民的共同追求。

　　今天，美好生活的主体是作为国家和社会主体和主人的全体人民。人民美好生活不是单纯个人意义上的美好生活，而是以人民为主体、以人民为中心的全体人民共商、共创、共管、共享的美好生活。人民美好生活就个人生活完善而言，已经不限于传统的"五福"，而强调人的自由全面发展。它是人的德智体美全面发展，是人的潜能充分开发和才能充分发挥，是人的日益增长的美好生活需要的满足。人民美好生活还包含国家富强、民族振兴的要求，即建设富强民主文明和谐美丽的社会主义现代化强国、实现中华民族伟大复兴的中国梦。尤为重要的是，在当今中国，人民美好生活已经不是一种历久而未能实现的理想，而是正在加速实现的奋斗目标。

人民美好生活的具体内容涵盖经济、政治、文化、社会、生态各领域。经济上体现为充裕的物质生活。衣食住行，是人得以生存和生活的基本要素，只有在充足的物质保障基础上，人们才能拥有更高质量的美好生活。政治上体现为充分的当家做主的政治权利。坚持人民当家做主是社会主义政治发展的必然要求，是保障人民政治权利的关键，亦是美好生活的重要内容。文化上体现为良好的教育和丰富的精神生活。在物质生活基本得到满足的情况下，人们的精神生活就愈显重要，精神是否愉悦是美好生活的主要指标之一，拥有丰富多彩的精神生活则是美好生活的重要组成部分。社会上体现为良好的社会环境和社会保障。人总是生活在一定的社会环境中，社会是否安定和谐、秩序良好，是否为其成员提供基本生活保障和安全保障，直接影响着人们美好生活的实现。生态上体现为优美的自然环境。自然界是人类栖息的家园，人的一切活动须臾离不开自然，优美的自然环境可以慰藉心灵、陶冶性情，给人们带来惬意和快乐，人民的美好生活必定置位于天蓝、地绿、水净、气洁的美好家园。

有调查认为，人民群众对"美好生活"与"美好生活需要"两个概念内涵的理解较为一致。"美好生活"和"美好生活需要"联想词频最高的10个词分别是：幸福、快乐、健康、和谐、美满、开心、美好、自由、富裕和家庭。对前100个高频词分类和聚类分析发现，人民群众理解的"美好生活"和"美好生活需要"的内涵包括个人物质层面、家庭关系层面和国家社会层面三个层面。个人物质层面的词汇包括：有车、有房、财富、富有等和经济有关的内容，也包括阳光、绿色、环保等和环境有关的内容。家庭关系层面的高频词汇包括：团圆、温馨、恩爱、亲情、爱情、陪伴等内容,以及事业、工作和理想等内容。国家社会层面的高频词汇包括:稳定、小康、国泰民安、安居乐业、公平、和平、社会保障、安全、丰衣足食等。这些是人民群众心目中的美好生活内容。

人民美好生活要求处理好五种关系。一是要处理好个体与整体的关系。追求美好生活既是全体人民的共同理想,也是建立在每一个个体生活状态改善基础之上的。在制定民生政策时,既要着眼于绝大多数群众的共同需要,也要看到不同人群的差异化要求,要特别注意倾听弱势群体和困难群众的声音。二是要处理好局部与整体的关系。生活在不同地区的人们对美好生活的要求会有差异,公共政策应该更多关注欠发达地区的人,尽力缩小不同地区的发展差距。三是要处理好物质与精神的关系。美好生活要从物质和精神、客观和主观多个维度进行创造和满足。四是处理好全面与重点的关系。满足人们对美好生活的追求,既要努力满足人们多方面的需要,更要根据现实情况,找准重点,引导和调控人们的需求,分清轻重缓急,做好规划,分步推进。五是要处理好近期与远期的关系。把握美好生活的内涵要立足现实国情,既不能画饼充饥,口惠而实不至,也不能寅吃卯粮,竭泽而渔。

人民美好生活内蕴着传统美好生活理想的文化基因和优秀内容,是传统美好生活理想在当代的创造性转化和创新性发展。它是人的生存、发展、享受需要得到尽可能满足的生活,是人的全面发展与社会全面进步、生态全面改善相一致、相协调,是以好生活为中心的好身体、好德性、好人格、好作为、好社会、好世界、好生态的完美统一。人民对美好生活的向往与追求,反映了人的根本的、总体的需要,代表着人追求真、善、美的深层愿望。

2. 全面小康与共同富裕

新时代幸福观把全面建成小康社会和实现社会主义现代化和中华民族伟大复兴作为我国社会发展的奋斗目标，基本实现社会主义的本质要求——共同富裕。

"小康"作为一种社会理想历史悠久。"小康"一词最早出现在《诗经·大雅·民劳》里。后来孔子在描述了"大同"之后又谈到"小康"。"大同"社会是在大道之行时代（尧舜时代）出现的，而"小康"则是在夏商周三代杰出君王在位时出现的。在孔子那里，小康社会虽然与美好的大同社会有区别，但它是一种生活殷实、秩序良好的社会。中国现代小康社会思想的创立者是邓小平。邓小平为我国现代化建设确立了分三步走的发展战略目标，这一目标最初于1979年末提出，即：第一步，从1981年到1990年，国民经济总值翻一番，实现温饱；第二步，从1991年到20世纪末，再翻一番，达到小康；第三步，到21世纪中叶，再翻两番，达到中等发达国家水平。

邓小平还提出了"共同富裕"的社会主义理想。他指出，共同富裕"是体现社会主义本质的一个东西"。1992年他在南方谈话中揭示社会主义本质时，把解放生产力和发展生产力、消除两极分化的最终结果归结为"最终达到共同富裕"。邓小平反复强调："社会主义的目的就是要全国人民共同富裕，不是两极分化。""我们允许一些地区、一些人先富起来，是为了最终达到共同富裕，所以要防止两极分化。这就叫社会主义。" 社会主义的目的就在于它能够在发展生产力的基础上消灭人类社会自阶级出现以来的最大不公平——两极分化，使所有人都过上富裕的生活，并在此基础上得到全面自由发展。共同富裕是社会主义的最大优越性，是社会主义区别于资本主义的标志所在。"社会主义与资本主义不同的特点就是共同富裕，不搞两极分化。"共同富裕也是判断改革开放成败的标准。"如果导致两极分化，改革就算失败了。"因此，共同富裕是社会主义制度不能动摇的原则。

党的十六大报告提出，我们胜利实现了现代化建设"三步走"战略的第一步、第二步目标，人民生活总体上达到小康水平。但现在达到的小康还是低水平的、不全面的、发展很不平衡的小康，人民日益增长的物质文化需要同落后的社会生产之间的矛盾仍然是我国社会的主要矛盾。报告中还明确提出了全面建设小康社会的目标，并提出到21世纪中叶基本实现现代化，把我国建成富强民主文明的社会主义国家。党的十八大报告正式提出"两个一百年"的奋斗目标，即在中国共产党成立一百年时全面建成小康社会，在新中国成立一百年时建成富强民主文明和谐的社会主义现代化国家。党的十九大报告更具体阐明了"两个一百年"的奋斗目标：到建党一百年时建成经济更加发展、民主更加健全、科教更加进步、文化更加繁荣、社会更加和谐、人民生活更加殷实的小康社会，然后再奋斗三十年，到新中国成立一百年时，基本实现现代化，把我国建成社会主义现代化国家。

从2020年到21世纪中叶划分两个阶段。第一个阶段，从2020年到2035年，基本实现社会主义现代化。到那时，我国经济实力、科技实力将大幅跃升，跻身创新型国家前列；人民平等参与、平等发展权利得到充分保障，法治国家、法治政府、法治社会基本建成，各方面制度更加完善，国家治理体系和治理能力现代化基本实现；社会文明程度达到新的高度，国家文化软实力显著增强，中华文化影响更加广泛深入；人民生活更为宽裕，中等收入群体比例明显提高，城乡区域发展差距和居民生活水平差距显著缩小，基本公共服务均等化基本实现，全体人民共同富裕迈出坚实步伐；现代社会治理格局基本形成，社会充满活力又和谐有序；生态环境根本好转，美丽中国目标基本实现。第二个阶段，从 2035 年到 21 世纪中叶，把我国建成富强民主文明和谐美丽的社会主义现代化强国。到那时，我国物质文明、政治文明、精神文明、社会文明、生态文明将全面提升，实现国家治理体系和治理能力现代化，成为综合国力和国际影响力领先的国家，全体人民共同富裕基本实现，我国人民将享有更加幸福安康的生活，中华民族将以更加昂扬的姿态屹立于世界民族之林。

按照十九大报告的设想，到本世纪中叶，我国全体人民基本实现共同富裕。何谓"共同富裕"？从过程上讲，共同富裕就是"全民共同致富"，"让全国人民都发财"。这意味着中国人民都有追求富裕的权利、机会，是中国人民的共同发展。追求富裕不是少数人的特权，应该是中国人民都有的权利；实现富裕，不能只是少数人有机会，而是中国人民都能有机会；在实现共同富裕的过程中，不能只是少数人发展，而是共同发展。只有从起点和过程上保证全民共同致富，才能在结果上最终实现全民共同富裕。从结果上讲，共同富裕指的是中国人民都过上美好、幸福的生活。富裕不再带有阶级性，是全社会所有人的整体富裕。"我们是社会主义国家，国民收入分配要使所有的人都得益，没有太富的人，也没有太穷的人，所有人日子普遍好过。"因此，共同富裕既与贫富悬殊的两极分化根本对立，又与平均主义要求的"均富"不相容。

根据联合国粮农组织提出的标准，恩格尔系数在 59% 以上为贫困，50%-59% 为温饱，40%-50% 为小康，30%-40% 为富裕，低于 30% 为最富裕。根据恩格尔系数，以及社会生活的实际情况，当代个人或家庭生活的物质条件大致上可以划分为六个类型或档次：贫困型、温饱型、小康型（殷实型）、富裕型、富豪型、巨富型。其中富裕型的恩格尔系数在 40%-20% 之间，这是具备很好的物质生存条件，吃饭穿衣住房有一定层次，而且经济宽余的类型。在这六种档次中，贫困型是在生存保障线之下，其他五种都在生存保障线之内。在生存有保障的这五种类型之中，富裕型属于中档。

生活在富裕型中的人，有几个特点：第一，他们的生活宽绰从容，没有后顾之忧；第二，他们的工作高效轻松，不必勤扒苦做；第三，他们有足够的财力和时间发展个人的个性和从事自己喜爱的活动；第四，他们虽然富裕，但并不拥有大量的财富，因而他们不会被别人眼红，不必为自己及其财富安全担忧。这些特点也是这种类型的优点。正因为有这些优点，这种类型最适合成为幸福生活的物质条件。与此相比较，其他四种是不那么合适的（小康型和富豪型）或不合适的（温饱型和巨富型）。太穷会缺乏保障幸福的应有基础，太富虽然有很好的条件，但时刻生活在对自己及其财产安全担忧的阴影中，事实上也幸福不了。除以上优点外，富裕型还有一个突出的优点，这就是在现代文明条件下一般人通过努力都可以达到它。富豪型也好，巨富型也好，在一个社会中只有极少数人才可能达到。因此，富裕的生活对于今天的社会是现实的、可行的，具有普遍性。

3. 人民的获得感、幸福感、安全感

获得感、幸福感、安全感并列提出体现了满足人民向往美好生活需要的整体性。让群众有更多、更直接、更实在的获得感、幸福感、安全感，就是"为中国人民谋幸福"更为具体生动的表达。这"民生三感"是建立在物质与精神生活得到相应满足的基础之上的。它的提出是对新时代社会主要矛盾转化的呼应，它超越了物质层次的温饱小康标准，是在满足人民群众对富裕物质生活追求的同时，顺应人民对美好生活的向往而注重精神层面诉求的真切回应，从而是新时代民生目标的升华。因此，"民生三感"是人民生活更加美好的主要标志，

也是新时代幸福观的主要心理期待。

在党的十九大报告中,习近平总书记强调,要使人民的获得感、幸福感、安全感更加充实、更有保障、更可持续。这是"获得感、幸福感、安全感"首次并列提出。党的十九大报告提出要不忘初心、牢记使命,并从十三个方面论述了我党在五年来所取得的伟大成就及谋划今后一个时期的宏伟蓝图。初心也好,使命也好,成就和蓝图也好,归于一点就是提高人民生活质量,使人民的生活有幸福感、获得感和安全感。

获得感、幸福感、安全感并不是孤立形成的,而是一个客观上有着内在关联并能够综合代表民生质量的整体。

人民群众的获得感的产生,最重要的是改革发展成果惠及全体人民,或者说,人民群众共享发展改革成果。获得感不仅是物质层面的,也有精神层面的,既有看得见的,也有看不见的。获得感首先是要让人民群众感受到改革发展带来的物质生活水平的提高。比如,人民群众有房住、收入有增加、能接受优质教育、能看得起病、养老有保障等,这些都是看得见摸得着的获得感。在精神层面,则是让每个人有梦想、有追求,同时活得更有尊严、更体面,能够享受公平公正的同等权利。

获得感的提升为幸福感和安全感提供了可能,增进人民获得感是基础。只有不断满足人民日益增长的美好生活需要,让人民从改革发展中获得实惠,人民的幸福感和安全感才可能提升。没有人民物质文化生活水平的提高,改革成果不能惠及全体人民、增进人民福祉,必然会消解人民的幸福感和安全感,甚至还会影响社会的和谐与稳定。正因为如此,党中央高度重视改革的普惠性,强调发展为了人民,发展依靠人民,发展成果由人民共享。获得感的提升,并不必然带来幸福感和安全感的提升。与获得感不同,幸福感和安全感更多地受到人们主观感受以及其他社会因素的影响。换句话说，虽然幸福感和安全感建立在获得感的基础之上，但是它们还要受到各种复杂因素的影响。也正因为如此，获得感的提升只是为增进人们的幸福感和安全感提供了可能。

幸福感最直接的来源是个体需要得到满足，这也是人类永恒追求的心理目标。早在中国古代，儒家思想就形成了"悦乐"来源于好学、行仁与和谐的理念，认为努力向善和兼善天下就可以实现幸福的结果，这当然是获得了精神层面的追求。从物质角度来说，人们的物质需求一旦满足便可以由获得感进而产生幸福感。例如，家庭生活水平的改善、个人收入提高、良好的社会保障等等。

幸福感以获得感和安全感为前提，增进人民幸福感是核心和目的。幸福感不可能凭空产生，它源自对自身满足感和安全感的主观体认和情感升华。人民利益的获得、实际需求的满足、生命财产的安全和内心的宁静等等，都是以增进幸福为目的而展开的。从这个意义上说，获得感和安全感的增进都是手段，目的则是增进人们的幸福感。一方面，增进人民的幸福感在一定程度上有助于提升获得感。我国仍处于并将长期处于社会主义初级阶段，人们的所获必然有一个限度，因此人们必须正确看待自己的利益获得，对自己的所获有一个合理的预期，不至于因为所获和预期之间的差距出现心理失衡而影响获得感。另一方面，增进人民的幸福感也有助于提升安全感。幸福感和安全感密切相关，幸福本身就包含着对周边事物及人自身安全的高度信任，幸福感的获得离不开人们对自己生命财产安全、自身心灵安宁的确认。幸福感的滑落往往伴随着人们对自身安全的信任缺乏，从而对人们的安全感产生消极影响。获得感和安全感的增进反过来又促进着人民幸福感的提升。

人民的幸福建立在丰富的物质产品、公平正义的治理理念、安定的社会秩序、良好的生态、健康的体魄、和平稳定的周边环境等等基础之上。只有人民从改革发展中受益、安全得到切实保障，才能为幸福感的提升打下坚实的基础。所以，为人民谋幸福的过程也是不断提高获得感和安全感的过程。

安全感则来源于人们渴望稳定、安全的心理需求，可以表现为生命安全、财产安全以及情感安全等多个方面。随着生活质量的不断提高，人们普遍对安全、健康、稳定充满了渴望。这时的安全感，会体现在司法公正、收入福利、身体情感等方面，只有在这些方面切实让人民群众有了获得感，人民才会放心、踏实地享受生活，才能转化为推动社会改革进步的强大动力。相对于获得感和幸福感，安全感受到外部因素影响最大。安全感是一种在信任和认同基础上形成的对内外环境安全的主观体认。安全感对于人们来说同样非常重要。

安全感的提升是获得感和幸福感的基本条件，增进人民安全感是保障。安全感本身就是获得感和幸福感的特殊体现。在一个安全的环境氛围中，人们才能充分发挥自己的潜能，创造出更多的社会财富，体验到获得的快乐和幸福。如果内心浮躁失衡、治安混乱不堪、社会动荡失序甚至战乱争斗频发，人民内心缺乏基本的安全感，就不可能增进人们的获得感和幸福感。因此，可以说内外环境的安全以及由此产生的安全感为人们的获得感和幸福感提供了最基本的保障。一方面，只有在安全的生产环境、生活环境中，人们的获得才是实实在在的，才不用担心所获得的东西随时失去的风险；另一方面，幸福首先在于基本的生命财产安全，其次在于内心的安宁，还有社会的和谐与安定。只有确保人们的内外安全，才能拥有现实的、此岸的幸福体验。

当然，获得感和幸福感的增进反过来也会促进人们安全感的提升。

在改革发展中，人们只有通过诚实合法劳动创造社会财富，获得合理收入，对自己所得有稳定预期，才有可能增进幸福感，并进而提升安全感。安全感的提升涉及方方面面，如安全生产、食品安全、医疗司法公正、国防安全、社会治安、网络安全和金融安全等等。

总之，让人民群众有获得感、幸福感、安全感是推动全面建成小康社会、推进新时代中国特色社会主义社会不断向前发展的心理动力，也是中国共产党为人民谋幸福的具体奋斗目标。

4. 以人民幸福为奋斗目标

在担任中共中央总书记伊始，习近平在十八届中央政治局常委同中外记者见面时的讲话中就庄严承诺："人民对美好生活的向往，就是我们的奋斗目标。"党的十九大又明确提出"带领人民创造美好生活是我们党始终不渝的奋斗目标"。把人民对美好生活的向往作为奋斗目标，实际上也就是以人民幸福作为社会的终极价值目标。这一目标的确立充分体现了新时代幸福观的本质特征，不仅对于中国社会发展意义重大，对于整个人类社会发展、对于人类命运共同体建设也具有深远的意义，至少可以说是中国为确立人类社会发展终极目标提供的中国方案。

首先，把人民对美好生活的向往作为奋斗目标最直接的意义是这一目标深得民心，因而有利于社会的长治久安、幸福美好。自从人类有了意识之后，其有意识的活动一般都是有目的的，当把目标作为对象加以追求时，目的就变成了目标。人为了某种目标而活动，这也许由来已久，但人着眼于某种目标而安排活动，使活动按照安排进行，这则是相当晚的事。人类作为群体动物，从一出现开始就在群体中出于需要而谋求生存。群体的情形与个体的情形差不多，其最初的行动不是被目的所驱动，而是被需要直接驱动。但是，当人类进入文明社会之后，情况发生了变化，作为基本社群的国家开始根据统治的需要确立目的和目标，并将这种目标贯彻到社会生活，以影响个体的活动，努力使之服从于国家的目标。这样，统治者的目的及相应的目标而不是统治者的直接需要成了国家活动的动因。这种动因从需求到目标的转变，是人类文明的重大进步。因为实现了这种转变，国家可以更周密地考虑自己究竟需要什么，在这些需要中哪些是根本的，哪些是重要的，哪些是非根本的和次要的，然后确定满足需要的顺序，而且还要考虑以什么方式才能更好地达到目的，从而国家能够更加自觉地控制自己，使自己发展得更好。

然而，在传统社会，国家基本上都是由战争中取胜的一方建立起来的，国家逐渐形成了统治者和被统治者两大阵营。统治者为了维护自身的利益而不断强化对被统治者的统治，通过维护统治地位以实现其自身的利益便成了国家的目的。在这种国家格局中，统治者也可能为了自己的目的适当考虑被统治者的利益，甚至有君王确实勤政为民，但在两者发生冲突时统治者常常将被统治者的利益弃之不顾，甚至以牺牲他们的利益来保全自己的利益，因而统治者的利益和被统治者的利益在社会地位上不可能是平等的。就是说，在传统国家中，统治者不可能把全体社会成员的利益摆在首位，社会成员的普遍幸福不可能作为社会发展的终极目标。由于存在着统治者和被统治者之间的尖锐利益冲突，因而传统国家的统治者尽管采取各种措施不断强化自己的统治，但结果却是战祸连绵，王朝更迭不断，不仅老百姓生活在水深火热之中，统治者也如同坐在火山口上一样提心吊胆，不得安宁。这就是黄炎培所说的中国传统社会不可逃避的那种历史周期律（率）："'政怠宦成'的也有，'人亡政息'的也有，'求荣取辱'的也有。"

中国共产党领导中国人民进行革命建立了人民当家做主的国家，从根本上改变了传统国家的利益格局，社会不再以统治者为中心，而是以人民为中心，不再是将统治者的利益实现或者说不再是将以实现统治者利益为指向的政治统治，而是将全体社会成员的利益和幸福作为社会的终极目标。这是一种具有深刻历史意义的重大转变，明确将"人民幸福"作为国家的终极追求则表明中国共产党对这种转变有了更清醒的意识和自觉，也表明了中国共产党真正找到了跳出黄炎培所说的历史周期律的一条新路。这条新路之所以"新"，是因为它颠覆了传统国家统治者与被统治者对立的格局，国家的主人不再是传统意义的统治者，而是全体人民，国家治理者本身也是人民的一部分，他们所从事的治理工作具有特殊性但其宗旨是为人民服务的，其目的是使全体人民的幸福得以普遍实现。不言而喻，这条新路是会得到全体中国人民认同和拥护的康庄大道。沿着这条路走下去，中国不仅不会发生被统治者推翻统治者的斗争，不会发生统治者内部争权夺利引起的内乱，从而真正实现长治久安，中国人民还会过上幸福安宁的生活。

其次，把人民对美好生活的向往作为奋斗目标充分体现了中国社会主义的本质特征。人类从传统社会走向今天的路径不尽相同，中国是在特定的历史时空走上社会主义道路的，而西方国家走的却是资本主义之路。必须肯定，西方的资本主义之路为中国走上社会主义道路作出了重要贡献，它不仅为我们提供了许多现代思想观念和经验借鉴，它还孕育了作为我国指导思想的马克思主义。然而，几百年的历史表明，西方的资本主义之路确实存在着异化问题。

西方近代的先哲原本是追求西方人普遍获得解放和自由，而且西方人也确实获得了相对于天主教教会、基督教神学和君主专制主义统治和奴役的解放和自由，然而在这个过程中，西方人却最终受到一种新的东西的控制，这就是随着市场经济发展而来的资本的力量和逻辑，并且形成了新的统治阶级（资产者）和被统治阶级（无产者）格局。虽然西方社会在"二战"后稳定了几十年，但社会贫富两极分化、经济危机周期性爆发、享乐主义盛行、社会生活过度市场化等问题已经成为一道道魔咒，使其不可解脱。马克思主义创始人马克思和恩格斯生活在资本主义问题暴露得最充分的19世纪，他们不仅深刻批判了这种制度，还针对这种制度创立了科学社会主义学说。中国正是在科学社会主义学说的影响之下走上了一条完全不同于西方资本主义的全新道路。

自从马恩创立科学社会主义以来，社会主义在理论和实践上都得到了极大的丰富和发展，已经成为今日世界最有影响的思想理论体系之一。马克思主义传入中国后不久就开始了中国化的过程，它既与中国实际相结合，也与中国传统相融合，在结合和融合的过程中，马克思主义中国化为中国特色社会主义理论。中国特色社会主义理论最具有意义的贡献就是把马克思主义的全人类性的共产主义理想具体化为中国式的社会主义理想，甚至就是要把人民幸福确定为中国社会发展的价值目标。这一目标不仅体现了马克思主义的共产主义理想，也承继了中国传统文化中的"大同"理想，而且将两者奠基于并统一于当代中国的社会主义建设事业。

其要义有三：一是坚持马恩共产主义理想的基本内涵即"每一个个人的全面而自由发展"的自由人联合体；二是吸收中国传统文化特别是先秦儒家的道德主义精神，特别是"成人"的人格（即成为君子人格，包括豪杰、圣人等更高层次的人格）精神和"大同"（即家庭、国家、天下一体）情怀；三是将前两者落实到中国特色社会主义建设事业的伟大实践之中，使之在实践中统一起来，通过实践不断丰富和深化其内涵，并具体化为中国特色社会主义的终极目标和最高追求。因此，今天中国的人民幸福目标已经不再只是马恩那种单纯意义上的社会理想，而是中国建设和发展致力于实现的实实在在的实践方案和行动指南；它已经不是一般意义上的社会主义的伟大理想，而是具有丰富中国内涵的中国特色社会主义的现实追求。

最后，把人民对美好生活的向往作为奋斗目标还具有更为深远、广阔的意义，它可以为人类发展的未来方向提供中国方案，而这种方案代表了人类未来发展的总趋势。从历史的角度看，人类的发展经历了一个从分散在世界各地的人群到国家化再到全球化的漫长过程。在近代以前，分散在世界各地的人类是以不同的社会形式存在的，这些形式有氏族、部落、传统意义上的国家，前两种形式几乎在世界各地都存在过，而只有一些地区的人类从氏族、部落过渡到了传统意义的国家，如亚洲和欧洲。这些不同形式的社群彼此之间有过不同的交集（包括战争、和平的融合等），但从未形成过一个统一的整体。它们都有自己生存的目的，但不一定确立了有意识的、自觉的社会发展目标。从近代西方的海外探险、海外掠夺、海外殖民开始，世界上原来分散的人群在国家化的同时也开始了人类全球化的过程。

第二次世界大战促进了国家化进程的完成，随后全球化加速发展。"二战"后，世界市场的形成，国家之间经济、政治和文化交往和交流的需要，以及环境保护、反对恐怖主义等方面的紧迫要求，加上科学技术在交往、交流方面提供的强有力支持，人类今天已经成为一个事实上的命运共同体。在这种新的历史条件下，生活在同一个命运共同体中的人类就面临着未来朝什么方向发展、应当追求什么样的共同价值目标的问题。如果在这个问题上不能形成基本共识，生活在同一共同体中的人类就会陷入混乱，甚至会因为所追求的价值目标相互冲突而相互残杀最终导致人类毁灭。

在人类国家化和全球化的过程中，西方近现代价值观和文化由于西方经济、军事和技术等方面的强势地位而流布到了世界各地，并对非西方国家的本土价值观和文化产生了强烈的冲击。在这种冲击面前，非西方国家经历了一个从被动受冲击到主动抵御冲击的过程。当它们意识到西方价值观本身具有的不可克服的问题及其导致的严重负面效应的时候，它们中的大多数就开始从抵御西方价值观和文化而走向弘扬、构建乃至向国际推出本土价值观和文化，于是出现了今天世界文化多元化的格局。然而，到目前为止，绝大多数非西方国家的价值观和文化尚处于弱势地位，不足以与仍处强势地位的西方价值观和文化相抗衡。究其原因，关键在于这些国家没有找到能够适合本国同时又为其他国家普遍认同的价值观，特别是终极价值目标。当代中国也正在构建自己的价值观，由于中国所要构建的价值观是马克思主义的，而马克思主义作为思想体系是与作为西方近现代价值观理论基础的自由主义根本对立的，因而它有可能超越西方价值观而成为人类最先进的价值观。

将马克思主义与中国传统文化相融合并基于当代中国现代化建设的实践确定的人民幸福的终极目标，是当代中国价值观的最显著标志，也是新时代幸福观的最显著标志。它可以从根本上克服西方终极价值目标的那种名义上推崇个人自由而实际结果是贫富两极分化的最大弊端。因此，这种价值目标不仅适用于中国，而且也适用于其他国家，包括西方国家。西方国家要走出自身的异化，用人民幸福取代个人自由作为其社会的终极价值目标是最值得借鉴的一种方案。

二、人民美好生活与"中国梦"

人民美好生活是人民幸福的同义词,它是"中国梦"的实质内涵之一,也是其终极目的。因此,有必要专门讨论人民美好生活与"中国梦"的关系,从而更准确地把人民美好生活丰富而深刻的内涵。

1. "中国梦"的提出

中国梦并不是凭空出现的理论和梦想,自鸦片战争以来,无数忧国忧民的仁人志士通过各种方式探索救亡图存、富国强兵的道路。中国人民一直艰难地走在"寻梦"路上,虽百折不挠,但也常常处于迷茫和无奈的困惑之中。中国共产党一诞生就担负起了民族振兴的重大历史使命,以马列主义武装头脑的共产党人吸取历史的经验和教训,确立了通过革命的方式来实现国家现代化进而实现民族复兴的正确路径,从此以后,中华民族的伟大复兴开始步入了正轨。改革开放以来,我们党以无比坚定的信念和一往无前的勇气,成功开辟了中国特色社会主义道路,形成并发展了中国特色社会主义理论体系,建立并完善了中国特色社会主义制度。道路是实现途径,体系是行动指南,制度是方向的保障,这三个维度仿佛是一个稳固的三脚架,支撑起中国特色社会主义理论。在这个理论下,才有了当今中国现代化进程中极具中国特色的经验和智慧。所以我们今天才可以说,这条康庄大道的出现,使得实现民族复兴的"中国梦"不再是遐想。

2012年11月29日,习近平在参观国家博物馆时说道:"现在,我们比历史上任何时期都更接近中华民族伟大复兴的目标,比历史上任何时期都更有信心、有能力实现这个目标。"他引用了毛泽东"雄关漫道真如铁"和"人间正道是沧桑"这两句诗,道出了过去中华民族复兴道路上的曲折和艰难;同时以"长风破浪会有时"的诗句,表达了对未来中国实现伟大复兴的信心,就如同那已见光芒四射喷薄而出的一轮红日,一定会展现出光明的前景。

实现中华民族伟大复兴的中国梦,是在道路自信、理论自信、制度自信和文化自信背景下提出来的。中国梦并非突发之想、无根之木的缥缈之梦,而是有着深厚积淀和酝酿、有坚实的依据和切实可行的蓝图。当我们在深入研究中国梦的深刻内涵时,不难发现,在全球化背景下,实现中华民族伟大复兴的中国梦已经不仅仅是国家和民族的梦,也是与每一位国民息息相关的最深切渴望和需求;不仅如此,中国作为世界上屈指可数的大国之一,其梦想也必然深刻影响全世界和全人类。无论是全球还是国内,我们国家的发展都处在十分关键的历史时期。"中国梦"正是在这样的时代背景下提出来的。

2012年11月29日,习近平第一次阐释了"中国梦"的概念。他说:"大家都在讨论中国梦。我认为,实现中华民族伟大复兴,就是中华民族近代以来最伟大的梦想。"他庄严宣称,到中国共产党成立100年时全面建成小康社会的目标一定能实现,到新中国成立100年时建成富强、民主、文明、和谐的社会主义现代化国家的目标一定能实现,中华民族伟大复兴的梦想一定能实现。

2013年3月17日,中国新任国家主席习近平在十二届全国人大一次会议闭幕会上,向全国人大代表发表自己的就职宣言。据有关媒体报道,在将近25分钟的讲话中,习近平9次提及"中国梦",44次提到"人民",共获得了十余次掌声,有关"中国梦"的论述更一度被掌声打断。

习近平多次谈到"中国梦",他表示,实现中国梦必须走中国道路,实现中国梦必须弘扬中国精神,实现中国梦必须凝聚中国力量。我们不能有丝毫自满,不能有丝毫懈怠,必须再接再厉、一往无前,继续把中国特色社会主义事业推向前进，继续为实现中华民族伟大复兴的中国梦而努力奋斗。这个梦想，凝聚了几代中国人的夙愿，体现了中华民族和中国人民的整体利益，是中华儿女的共同期盼。历史告诉我们，每个人的前途命运都与国家和民族的前途命运紧密相连。国家好，民族好，大家才会好。实现中华民族伟大复兴是一项光荣而艰巨的事业，需要一代又一代中国人为之共同努力；空谈误国，实干兴邦。中国梦追根究底是人民的梦。中国梦的最大特点，就是把国家、民族和个人作为一个命运共同体，把国家利益、民族利益和每个人的实际利益紧紧联系在一起。中国梦的出发点与落脚点是人民，这句话体现了以人为本、执政为民的根本价值。

中国梦既集中体现了当代中国人的根本利益，也深刻反映了历代先贤们不懈追求进步的光荣传统。中国梦是民族的梦，也是每个中国人的梦，归根到底是人民的梦。"面对浩浩荡荡的时代潮流，面对人民群众过上更好生活的殷切期待，我们不能有丝毫自满，不能有丝毫懈怠，必须再接再厉、一往无前，继续把中国特色社会主义事业推向前进，继续为实现中华民族伟大复兴的中国梦而努力奋斗。"习近平要求，实现中国梦必须走中国特色社会主义道路；必须弘扬以爱国主义为核心的民族精神和以改革创新为核心的时代精神；必须凝聚中国各族人民大团结的力量；必须紧紧依靠人民来实现，必须不断为人民造福。习近平对"中国梦"的深刻阐述，引发了中国人对本国历史的思考和民族未来的探索，中华民族的未来责任在哪里？中华民族将担当什么样的历史使命？无数海内外中华儿女共同关注这些具有普遍意义的问题，激起了巨大的民族复兴热情。

2. "中国梦"的内涵及其魅力

中国梦不仅仅是一种梦想，它更是亿万中华儿女正在为之奋斗的崇高理想。党和国家几代领导人通过对近代以来中国的发展道路进行研究总结，基于我国的政治结构、经济基础和文化传统等几个方面，对中国未来的发展做了充分而切实的展望。这种展望，是国家级、战略性的顶层设计，是对中国在民族复兴之路上可能遇到的各种困难的总规划。

什么是"中国梦"？根据习近平在第十二届全国人民代表大会第一次会议上的讲话中对"中国梦"的阐释，"中国梦"的主要内容是：实现全面建成小康社会、建成富强民主文明和谐的社会主义现代化国家的奋斗目标，实现中华民族的伟大复兴。而中华民族伟大复兴的标志就是实现当代中国社会的共同价值目标，即国家富强、民族振兴、人民幸福。因此，"中国梦"就是实现国家富强、民族振兴、人民幸福之梦。

中国梦是国家富强之梦。中国人民曾经饱受西方列强欺凌的屈辱和痛苦，落后挨打、丧权辱国的历史教训使我们比任何时候都更加懂得国家富强的意义。改革开放以来，中国的经济发展、科技进步、社会安定和人民幸福所创造的"中国奇迹"和书写的"中国故事"，向世界展现出了宏大的"中国叙事"和"中国元素"。而这一切正源于我们国家实现了初步的繁荣富强。历史和现实庄严地昭示我们：我们所要实现的中国梦，首先就是国家富强。国家富强这一梦想集中体现了"'富强中国'、'民主中国'、'文明中国'、'和谐中国'和'美丽中国'的有机统一，体现了在中国特色社会主义总布局下推进各项建设、改革和发展的必然要求"[1]。实现国家富强是建立在中国特色

---

[1] 史文清：《中国梦是中国特色社会主义重大思想理论成果》，《学习时报》，2013年5月20日。

社会主义现代化宏伟蓝图的科学性与可行性基础之上的，党的十八大提出的"两个一百年"奋斗目标进一步阐明和细化了国家富强的基本内涵，党的十八届三中全会勾画出的全面改革宏伟蓝图阐明了实现国家富强的路线图、时间表等具体内容。

中国梦是民族振兴之梦。实现中华民族伟大复兴，是近代以来中国人民最伟大的梦想。五千年文明的薪火相传造就了中华民族悠久的历史和灿烂的文化。近代以前的中国曾雄踞世界前列数千年，但自鸦片战争开始，西方坚船利炮的侵略使中华民族遭受了深重灾难，不仅辉煌不再，而且受尽了屈辱。从此，中华儿女踏上了艰难的民族复兴之路。"民族复兴是国家富强的根本标志，是人民幸福的重要保障。"[1]实现伟大的民族复兴，不是简单地重寻昔日的荣耀与辉煌，更不是谋求世界霸权和唯我独尊的霸主地位，而是要在中国社会转型时期借此来达成共识、凝聚力量、提振精神，让历经沧桑磨难的中国人民过上幸福的生活，实现社会主义现代化，为世界文明增光添彩。中华人民共和国的建立，特别是改革开放以来所取得的巨大成就表明，中国人民有能力实现经济发达、政治民主、文化繁荣、社会和谐、生态文明、人民幸福，有能力通过自己成功的实践来科学定义自己的价值观和现代文明，也能成为世界发展的新模式、新制度和新标准的示范者和践行者。

中国梦是人民幸福之梦，是每个中国人的光荣和梦想。人民的梦就是要实现自己的幸福，人民幸福主要体现在人民群众过上了幸福安康的生活。改革开放以来，中国人民的生活水平与质量都得到

---

[1] 张志勇：《中国梦科学内涵的三个层次》，《重庆邮电大学学报》（社会科学版），2014年第2期。

了极大的提高，初步解决了温饱问题，实现了安居乐业。但不能忽视的是，由于种种原因，目前还存在着一定数量的贫困人口，而且在社会发展的过程中，出现了一些新的民生问题，如上学难、看病贵、住房难、食品不安全、生态环境恶化等等。这些问题解决不了，人民幸福就是一句空话，人民的梦想也就难以实现。"共筑中国梦，需要经济社会的不断发展，需要民生的持续改善，这是复兴之本、梦想之基。"[1]人民幸福不只是一个物质需求满足的过程，也是精神需求满足的过程。"'中国梦'有其物质的一面，但不限于物质，而给人以更高层次的精神满足。它展现的是13亿中国人和全体中华儿女的共同期盼。"[2]归根到底，人民幸福最终落脚在"人的全面而自由发展"这一马克思主义社会理想的实现之上。中国梦就是要让中国人民过上更加富裕、更有尊严、更有获得感和幸福感的生活，实现每个人的自由而全面发展。

总之，中国梦是国家、民族和个人三重价值维度的有机统一和相互促进。中国梦将国家、民族、人民有机结合起来，科学地阐明了国家、民族和个人三者之间密不可分的共同价值追求和休戚与共的命运关联。国家梦、民族梦、人民梦不是相互平行的，而是相互联系、具有不同层级的。国家好、民族好，才能人民好。国家好、民族好是人民好的必要前提和根本保障，具有优先性；另一方面，人民好是国家好、民族好的根本目的。人不仅是社会存在和发展的前提，也是社会文明与进步的归宿和目标。社会主义制度之所以比资本主义制度优越，

---

[1]《人民日报》评论员：《民生改善是梦想的最好的诠释——五论同心共筑中国梦》，《人民日报》，2013年3月25日。
[2] 叶再春：《"中国梦"随想》，《前线》，2013年第1期。

不仅在于它能够创造比资本主义制度更高的生产力，还在于它能够在人的解放和发展方面体现出更大的优越性。[1]

从梦想的主体看，中国梦是国家、民族、人民的梦，从梦想追求的目标看，中国梦是全面建成小康社会之梦、实现现代化之梦、走中国特色社会主义道路之梦。[2]

中国梦是全面建成小康社会之梦。全面建成小康社会是实现中国梦的重要体现和阶段性目标。党的十八大郑重提出了在中国共产党建党一百周年时全面建成小康社会的目标要求。这是中国梦的第一个宏伟目标。全面建成小康社会，就是到2020年实现国内生产总值和城乡居民人均收入比2010年翻一番，经济保持中高速增长，人民生活水平和质量普遍提高，国民素质和社会文明程度显著提高，生态环境质量总体改善，各方面制度更加成熟更加定型，为实现第二个百年奋斗目标、实现中华民族伟大复兴的中国梦奠定更加坚实的基础。

中国梦是实现社会主义现代化之梦。到新中国成立一百周年时，中国将建成富强民主文明和谐的社会主义现代化国家。这是中国梦的第二个宏伟目标。实现这一目标，就是要将我国建设成为：（1）富强的中国。中国的GDP到2050年占世界的30%以上，重新回到世界经济的制高点上。（2）民主的中国。全面推进依法治国、依宪治国，建立完善的中国特色社会主义法治体系，初步实现科学立法、严格执法、公正司法、全民守法。（3）文明的中国。实现文化强国之梦，中国思想、中国价值观在世界上有巨大的影响。（4）美丽的

---

[1] 参见张志勇：《中国梦科学内涵的三个层次》，《重庆邮电大学学报》（社会科学版），2014年第2期。
[2] 参见辛向阳：《"中国梦"与"两个一百年"》，《中共贵州省委党校学报》，2013年第4期。

中国。达到生产空间集约高效、生活空间宜居适度、生态空间山清水秀，给自然留下更多修复空间，给农业留下更多良田，给子孙后代留下天蓝、地绿、水净、气洁的美好家园，建成美丽中国，实现中华民族永续发展。

中国梦也是走中国特色社会主义道路之梦。中国特色社会主义道路为实现中华民族伟大复兴和社会主义现代化展示了光明的前景。所以，实现中国梦必须走中国道路，这就是中国特色社会主义道路。这条道路来之不易，它是在改革开放以来的伟大实践中走出来的，是在中华人民共和国成立以来的持续探索中走出来的，是在对近代以来中华民族发展历程的深刻总结中走出来的，是在对中华民族五千多年悠久文明的传承中走出来的，具有深厚的历史渊源和广泛的现实基础。因此，全国各族人民一定要增强对中国特色社会主义的理论自信、道路自信、制度自信，坚定不移地沿着正确的中国道路奋勇前进。

人人都有梦想，梦想不分民族，不分种族。中国梦指向的是中华民族的伟大复兴和现代化的实现，可以说，在人类日益成为命运共同体的新的历史条件下，中国梦其实也反映了世界不同国家和民族对自身发展的普遍性追求。同时，中国梦的实现也必将惠及全世界人民，为世界各国和平发展提供范例和借鉴。要解决好各种全球性挑战，根本出路在于谋求和平、实现发展。面对重重挑战和道道难关，我们必须攥紧发展这把钥匙。唯有发展，才能消除冲突的根源；唯有发展，才能保障人民的基本权利；唯有发展，才能满足人民对美好生活的热切向往。所以，"我们要实现的中国梦，不仅造福中国人民，而且造福世界各国人民"。当然，我们以开放的国际视野和宽阔的胸怀，与世界不同的文化价值观融会贯通，推进人类命运共同体建设，也必将不断扩充中国梦的内涵和外延。[1]

有梦想的人生注定更加精彩，有梦想的国家注定更加强大，有梦想的民族注定更有魅力。习近平在阐述"中国梦"时，提出的三个"共同享有的机会"即共同享有人生出彩的机会、共同享有梦想成真的机会、共同享有同祖国和时代一起成长与进步的机会，不仅再次鼓舞了亿万中国人民，也展示了"中国梦"的魅力。

共同享有人生出彩的机会告诉我们：生活在中华大地上，不论你来自哪个阶层，不论你来自哪个民族，不论你来自哪个地区，不论你起点如何，只要你树立正确的人生理想并为之努力，你的人生都有出彩、成功的机会，都有实现自己价值的机会。共同享有梦想成真的机会告诉我们：梦想不是虚无缥缈的，不是看不见摸不着的，因为我们不是生活在虚幻的世界，不是生活在不平等的国家。我们的祖国，会为我们创造条件，营造环境，让我们去实现自己的梦想，实现自己的愿望。只要努力，每个人都可以梦想成真。

3. "中国梦"与"美国梦"之比较

当谈到"中国梦"这一概念的时候，人们自然联想到了"美国梦"，联想到了中国梦与美国梦的关系。那么，我们应该怎样正确理解两种梦之间的异同呢？

所谓美国梦（American Dream），是指美国人在建立国家、开拓疆土过程中形成的以追求个人成功为目标，通过个人不懈奋斗"白手起家"的理想，它是美国价值体系特别是其终极价值目标的通俗表达，集中体现了美国价值观。"美国梦"的概念是詹姆斯·亚当斯在《美国史诗》（1931）中第一次使用的，从此这个概念风靡全世界。美国

---

[1] 参见李红亮：《中国梦的价值意蕴》，《光明日报》，2014年7月9日。

梦对美国的发展和强大发挥了至关重要的作用,是三百多年来一代又一代美国人凝心聚力的源泉和旗帜。

美国梦的核心内容是"白手起家"。"白手起家"就是靠个人的不懈努力,逐步改善生活条件。"白手起家"的英雄,有在经济上翻身的,也有在政治上成名的。具体地说,它一般是指经济地位的上升和赢得社会的尊重。在此之前,"白手起家"的英雄只不过是"农工、店员、教师、机匠、船工以及扳道岔的铁路工人",然而经过不懈努力,他们终于成为"农场主、富有的杂货商、律师、商人、医生以及政治活动家"。他们的社会经济地位的改变使他们获得了以前不曾有过的独立生活的自由和社会对他们的尊敬,他们成了美国人心目中的英雄。霍雷肖·阿尔杰曾生动地把许多"白手起家"的英雄再现于他那不朽的"成功故事"里。这些"成功故事"都表现同一个主题:一个家境贫寒、衣衫褴褛的男孩,依靠自己的诚实、勤奋和简朴,终于摆脱了贫困,走上了富裕之路,得到了社会的尊敬,实现了自我的价值。正是这些故事给美国人织就了光辉灿烂的"美国梦"。

美国梦产生和实现的土壤是美国精神和美国制度。美国梦是在美国特定的社会历史条件下形成的,其中最重要的就是美国精神和美国制度。美国梦与美国精神、美国制度相互作用,构成了独特的美国文化。因此,中国梦与美国梦存在着不同。

首先,两者产生的时代和历史文化背景不同。美国梦源自17世纪英格兰人以及其他殖民者对美国大陆的殖民和开拓,他们来到这里之前就已经有了发财致富的成功之梦。同时,早期的殖民者所在的国家经历过资产阶级革命,经受过欧洲启蒙思想的洗礼或熏陶。启蒙思想的基本观念就是以自由、平等为核心内容的个人主义和利己主义。这种观念决定了美国梦始终都是以个人成功为目标、以个人奋斗为手段的一己之梦。

与美国梦不同，中国梦源自1840年鸦片战争以后中国人民救亡图存、复兴中华的持续不懈的艰苦努力。近代以来，民族国家的生死存亡始终是摆在中国人民面前的首要问题。尤其是自清代后期，过去强大的中国逐渐走向衰落，同时国力不断衰弱的中国又成为海外列强不断侵略和欺凌的对象。在这种国家积弱积贫而又备受欺辱的情况下，国民的生存都无以保障，更谈不上走向富裕和获得成功。正因为如此，国家的富强和民族的振兴就成了中国人魂牵梦萦的强烈愿望。

其次，两者的内涵和意蕴不同。中国梦和美国梦是在不同时代、不同历史背景下产生的，两者在内容上也有很大的差异。

国家之梦与个人之梦之别。中国梦是由党和国家最高领导集体根据当代中国特色社会主义事业发展新阶段的伟大实践，为当代中国提出的中华民族和全中国人民共同追求的共同梦想，是民族之梦、国家之梦、人民之梦。它首先是国家、民族和全体社会成员的梦想，其次才是每个中国人的梦，是国家、民族与其成员共同的梦。与中国梦不同，美国梦是美国人在开国和拓展的长期实践中自发形成的梦想，是美国人价值追求过程中逐渐达成的时代共识。

国家基点与个人基点之别。中国梦指向中华民族的伟大复兴，其立足点是当代社会主义中国，是当代中华民族。这个立足点是社会整体，是作为社会代表的国家。因此，作为中国梦主要内容的国家富强、民族振兴和人民幸福这三个方面，国家富强是首要的，因为有了国家富强，才可能有民族振兴，然后才有人民幸福和每一个社会成员的幸福。没有国家富强，其他所有梦想都无从论及，更何谈实现。与中国梦不同，美国梦指向美国人个体的成功，其立足点是美国社会中的个人。因此，美国梦并不考虑每一个美国人，更不考虑美国国家、美利坚民族。

国家建设与个人奋斗之别。中国梦实现的过程就是我国的经济建设、政治建设、文化建设、社会建设和生态文明"五位一体"的全面小康社会建设的过程。实现中国梦是国家建设的总体工程。与之形成鲜明对照的是，美国梦实现的路径是社会不同个体（个人和组织）单打独拼，自生自灭。不言而喻，中国梦作为国家建设工程具有许多美国梦的单个人奋斗所不具有的优势，如国家可以集中全社会的智慧对中国梦进行研究设计，可以编制中国梦的总体规划和分类规划、阶段规划加以有计划、有步骤地稳步实施，可以组织协调、统筹兼顾全社会的各种力量和资源参与建设，可以一代又一代地永续发展，等等。

再次，两者实现的主体和条件不同。中国梦的主体是中华民族、中国整个国家。两者之间的重合部分构成了当代中国的人民。正是在这种意义上，我们说中国梦的主体是中国人民。与中国梦不同，美国梦实现的主体是单个人。个人只按自己的意愿行为，人人的一切人人自己负责。个人有这种梦想并实现了这种梦想，他就会赢得实现这种梦想所带来的好处，否则除了最低社会保障之外，他就不会得到他人梦想实现得到的任何好处。所以，美国梦只是个人的梦，不是人民的梦、民族的梦和国家的梦。

中国梦与美国梦实现的社会条件也有很大差别。中国梦是在经济、政治、文化全球化和高度发达的时代中国作为世界第二大经济体的国家梦想。时代给当代中国梦的实现提供了美国梦实现过程中所不具备的条件。其中最值得注意的是，美国人开始追求美国梦的时候，美国一穷二白，而今天中国自觉追求中国梦的时候，中国已经成为仅次于美国的第二大经济体，而且有源远流长的文化积淀和财富。仅这一点就表明，中国梦的实现要比美国梦的实现有利得多。习近平强调："中华民族是具有非凡创造力的民族，我们创造了伟大的中华文明，我们也能够继续拓展和走好适合中国国情的发展道路。全国各族人民一定要增强对中国特色社会主义的理论自信、道路自信、制度自信，坚定不移沿着正确的中国道路奋勇前进。"[1]

以上所有这些区别归结到一点就是：美国梦实质上是美国特殊社会历史环境中生成的资本主义之梦；中国梦是中国特殊历史环境中产生的社会主义之梦。当然，中国梦与美国梦也有共同之处。首先，两种梦都是一种社会的共同价值目标。中国梦是中国社会的共同价值目标，因为它是中国最高领导人明确表达并得到全社会普遍认可的。美国梦看起来只是个人的共同价值目标，但近代以来的西方（包括美国）资本主义社会并不把国家看作是实体，而只是社会成员的服务机构，社会成员个人普遍认同的价值目标就是国家和社会的共同价值目标。其次，两种梦都具有积极进取的价值取向，都指向成功。尽管中国梦与美国梦的价值目标不同，但它们都是积极进取、奋发向上的，都主张艰苦奋斗，通过梦之主体的不懈努力创造条件走向成功。更重要的是，两种梦不单纯是一种理想的图景，而且都包含了实现理想图景的条件和路径。从这种意义看，两种梦不只是共同价值目标，而且是一种完整的价值体系。更重要的是，两种梦都不是虚无缥缈、不着边际的幻想，而具有实现的可能性和现实性。

4. 人民幸福的终极意义

国家富强、民族振兴、人民幸福是中国社会所能确立的唯一正确

---

[1] 习近平：《在第十二届全国人民代表大会第一次会议上的讲话》，《人民日报》，2013年3月18日第1版。

的终极价值目标。它之所以是唯一正确的,是因为它体现了中国人、中国国家、中华民族的根本利益,体现了社会主义的本质要求,体现了人类社会进步和人类文明发展的总趋势,同时它又具有实现的可靠保证。

人是社会动物,人总是生活在社会中,而国家是当代人类,甚至更早的人类的基本社会形式。国家的状态直接关系到其成员的生存状况,好的国家其成员才会有安全、发展和幸福,而坏的国家则是罪恶的渊薮,生活在其中的人只会有痛苦和不幸。国家的好有很多标准,其中最重要的标准就是富强与否。所谓富强,既指富有或富裕,又指强大。国家富强就是国家既富有又强大,经济技术发达,综合实力和竞争力强。不言而喻,国家富强不是自然而然形成的,而是通过不懈奋斗逐渐实现的。要实现国家富强,就必须在意识到国家富强的重要性的基础上自觉地追求其实现。很明显,将国家富强确立为社会的终极价值目标之一,体现了中国国家的根本利益和最高利益,更重要的是体现了中国人民的根本利益。

中华民族是一个古老的民族,有其独特的文化,曾经是世界上最繁荣发达的民族。自近代以来,中华民族落后了。正因为落后,所以长期被动挨打,甚至沦为他族的殖民地、半殖民地,面临着亡族灭种的危险。因此,中华民族在新的世界民族格局中能否振兴,直接关系到中华民族的存亡,关系到中华民族这个族群及其文明能否绵延不绝。中华民族自古以来都是与国家关联着,民族振兴与国家富强紧密联系在一起,而且在当今世界已经国家化的情况下,民族振兴只有通过国家富强来实现。通过实现国家富强来实现民族振兴,归根到底是为了中华民族这一具有悠久文明的族群永续地生存发展,为了炎黄子孙世代相传,繁荣兴旺。显然,将民族振兴作为中国社会的终极价值目标之一，体现了中华民族的根本利益，也体现了所有当代中国人以及中华民族世代子孙的根本利益。

人类之所以结成社会，不是为了让社会统治自己，而是为了实现自己的幸福。然而，在几千年的文明史上，人类社会在相当长的时期内处于异化状态之中，社会不仅没有成为人们幸福的条件，相反成了人们不幸和痛苦的根源。之所以如此，其根本原因在于历史上从来没有统治者真正将人民的幸福作为终极的价值目标，更谈不上追求其实现。他们所追求的是他们自己家族或阶级的利益。中国共产党将人民幸福作为社会的终极价值目标，所代表的是中国人民的根本利益，而不是统治者或某部分人的利益。这是中国历史上前所未有的。

将国家富强、民族振兴、人民幸福作为中国社会的终极价值目标，更体现了社会主义的本质要求。按照科学社会主义理论创始人马克思的设想，社会主义社会是一种其社会成员普遍获得全面而自由发展的社会。社会主义的核心内容就是人的全面而自由发展。这种自由不是随心所欲，而是每一个人的自由以他人的自由为前提，也就是法律范围内的自由。在现代社会条件下，人的全面发展就是每个人的潜能尽可能充分地得到开发，开发出来的能力尽可能地得到发挥，发挥的结果得到相应的社会报偿。其主要体现就是各受其教，各尽所能，各得其所。显然，人的全面而自由发展状态就是人的幸福状态。因此，社会主义在本质上要求将社会成员的普遍幸福作为社会的终极价值目标，并且要为这一目标的实现创造一切可能的条件。将人民幸福作为社会的终极价值目标所体现的正是社会主义的这种本质要求。在当代人类社会，要为人民普遍幸福创造一切可能的条件，最重要的也是最基本的条件就是国家富强和民族振兴。因此，将国家富强、民族振兴作为社会的终极价值目标，也是人民普遍幸福的内在要求，体现了马克思主义中国化、时代化的突出特点。

人类社会进步和人类文明发展有一种总体的趋势，这就是人类从野蛮、愚昧、贫穷到文明、开化、繁荣，从一部分人奴役另一部分人的阶级社会到所有人都是自由平等的民主社会，从社会追求一部分人的利益到追求所有社会成员的幸福，从民族国家之间的分离、对立、战争到各国、各民族在人类世界的大家庭和平共处、合作共赢。伴随着全球化时代的到来，这一总体趋势越来越明显。将人民幸福作为社会的终极价值目标反映了人类文明发展的趋势，代表了人类社会进步的方向。追求这一价值目标的实现，必定会使中国走在世界的前列，引领人类社会不断走向美好的历史潮流。

我们党为我国社会确立的终极价值目标之所以正确，还因为当代中国已经为这一目标的实现准备了必要而充分的现实基础，并且找到了切实可行的现实途径，从而为其实现提供了可靠的保障。就现实基础而言，新中国的成立，在我国确立了社会主义制度，改革开放以来，中国特色社会主义事业更是得到了全面推进，社会主义中国正在走向强大，其制度优势日益体现出来。这一切为社会终极价值目标的实现提供了全面的社会基础。就现实途径而言，我国经过七十多年的艰难探索，找到了中国社会发展的切实可行的中国特色社会主义道路。这条道路是以人为本，经济建设、政治建设、文化建设、社会建设、生态文明建设全面、协调和可持续发展的科学发展道路。"中国特色社会主义是'圆梦'的唯一正确道路。"[1] 坚

---

[1] 教育部中国特色社会主义理论体系研究中心：《用"中国梦"凝聚强大精神能量》，《人民日报》，2013年1月10日第7版。

定不移地沿着这条道路走下去，国家富强、民族振兴和人民幸福的伟大理想必将变成现实。

国家富强、民族振兴、人民幸福是我国们社会主义现代化和中华民族伟大复兴的终极追求。这三个方面是相互联系、相互制约的。其中国家富强是最重要的前提。只有国家富强了，民族才能振兴，而只有国家富强、民族振兴了，人民才会幸福。国家富强是民族振兴和人民幸福的基础和前提条件。国家贫弱则民族衰微，当然也不可能有人民的幸福。同时，国家富强、民族振兴归根到底又是为了全国人民过上幸福生活，人民幸福又更具有根本性、终极性。在这三个奋斗目标中，人民幸福又具有更终极的意义，因为民族解放和振兴也好，国家富强也好，最终都是为了作为国家主人的人民普遍过上幸福生活。从这个意义上讲，中国社会的终极价值目标也可以更简单地说就是人民幸福，或者说就是社会成员普遍幸福。

以人民幸福作为具有具终极意义的价值目标，是与共产主义的奋斗目标相一致并且最终指向共产主义的。按照马克思的设想，共产主义社会是一种以每一个人全面而自由发展为原则的社会。全面而自由发展是幸福的基本内涵，当每一个人都能获得全面而自由发展的时候，社会就进入了普遍幸福的理想状态。不可否认，在我国目前的条件下，还不能达到这种理想状态，但正因为如此，我们要将实现这种理想作为中国特色社会主义事业的终极奋斗目标。人民幸福就是社会成员普遍幸福，将普遍幸福作为中国特色社会主义的终极价值目标，这是历史发展的必然。只有这一终极目标具有人民性，才会得到全国人民的热烈响应和衷心拥护。

三、美好生活与美好社会和美好自然

人类对自然有着致命性的依赖,不言而喻,人类的美好生活也依赖于社会的美好和自然的美好。社会美好、自然美好不一定必然会有美好生活,但社会险恶、自然被毁肯定不会有美好生活。社会是纯粹人为的,自然也在不断地被人化,社会美好和自然美好与否主要靠人类。因此,人类要过上更加美好的生活,必须构建和谐美好的社会,必须与自然建立友好型的关系。

1. 美好生活的依赖性

人类的美好生活的前提是生活,而人是社会性的动物,离开了社会人类就不能生存,更不用说过上美好生活。早在两千多年前,古希腊哲学家亚里士多德就曾说"人天生是一种政治动物",认为这是所有人的共同社会本性或本质。他所说的"政治"指的就是社会。他的意思是说,人注定要生活在家庭、村社、城邦(国家)之中。在他看来,人即便并不需要他人的帮助,照样要追求共同的生活,共同的利益也会把他们聚集起来。就是说,仅仅为了生存自身,人类也要生活在一起,结成政治共同体。亚里士多德的论断早已得到了证明,印度"狼孩"的发现是最有说服力的证据。

人的生存和生活美好对社会的依赖归根到底是因为社会对于人类更好生存具有许多方面和极其深刻的意义。其中最为重要的在于社会作为系统,它的许多功能是单个个体所不能产生的,而这些功能对于人类整体和个体更好地生活或通常所说的幸福具有极其重要的意义。系统是由个体组成的,一个系统在结构合理的情况下,它的许多功能不可能为单个个体所具有。从个体的角度看,美好生活就是能够产生足够充分的需要(欲望)并能够使之得到满足。所谓

"能够产生足够充分的欲望"有两个维度：一是产生足够多样的欲望，二是产生高低不同层次的欲望。多样的、多层次的欲望并不完全是单个人自然而然产生的，而是在社会中不断丰富发展的。所有低层次的动物之所以只有生存和繁衍两种生理欲望，而不能有所突破，就是因为它们都不是社会性的动物，它们不能通过社会交往不断从生存和繁衍这两种生理欲望中衍生出更多样更多层次的欲望。比如它们就不会产生美食的欲望、了解美食文化的欲望等。即使是同一个时代的人，生活在落后国家和发达国家的欲望也存在着很大的差别。多样的不同层次的欲望的满足更是受制于社会。没有社会存在，单个人的欲望种类和层次再丰富也都只是欲望，而不可能得到满足。一般来说，欲望的产生与欲望的满足是紧密关联的，欲望越是能够得到满足，产生欲望的可能性越大。而这种关联性，只有在社会中才可能形成，并通过社会生活朝多样性和多层次性的欲望产生和满足的方向发展。

欲望产生及其满足的过程，实际上也是人性实现的过程。人性实现过程同时也是一个使人的潜质现实化的过程。人性的潜质包括潜在的需要、潜在的能量、潜在的能力以及作为潜在能力积累成果和形成定式的可能性。人性中的许多潜质是动物性所不具备的，这些潜质是人类脱离动物界进入社会后逐渐通过遗传变异积淀下来的。例如，人有说话的潜质，这种潜质在社会中就会变成说话的能力。动物不具有这种潜质，因而无论如何培养都不可能变成现实。人的潜质更需要在社会中通过人际间的相互影响，特别是教育才能变为能力。狼孩的事实表明，即使具有了人的说话的潜质，而没有在适当的时候在社会生活，这种潜质也不能变成人说话的能力。在人的潜质变成了人的现实能力的情况下，要发挥这种现实的能力也离不开社会。人的生命过程实际上包括三个由表及里的层面，即人性、人格和人生。人生实际上是人格的发挥，而人格则是人性的现实化。人的自我实现就是人性的实现，人性的实现包括开发人性形成人格，也包括发挥人格构成人生。人生命过程的这三个层面都是在社会中形成的，人只有在社会中才能实现自我。正因为如此，我们才不仅把自为性视为人的根本规定性，而把社会性视为人的本质规定性。这里说的根本规定性和本质规定性并不是两种规定性，而是同一种规定性的两面，自为性是社会性的，而社会性又是自为性的。它们不可分离、水乳交融，没有社会性就没有自为性，没有自为性也不会有社会性。

不过，社会并非是必然好的。从整个人类历史看，十全十美的好社会从未有过。原始人群、氏族公社总体上看是平等的社会，传统社会发生了异化，从平等社会变成了人剥削人、人压迫人的不平等社会，现代社会正在克服这种异化，复归到人人平等的社会。当然，这种复归不是简单的回归，而是奠基在高度发达的现代文明基础之上的。从整个人类现实来看，实现这种奠基于现代文明的对平等的复归还面临着艰巨的任务，需要全人类的共同努力。

人的生存和美好生活对自然的依赖更具有致命性。"狼孩"离开了社会还能像狼一样地生存下去，但如果没有狼生存的环境，"狼孩"片刻不能存活。自然界是人类生存的最基本环境和条件，没有自然界就不会有人类，没有好的自然界就不会有人类的幸福，人类对自然界具有高度的依赖性。自然对于人类的生存、发展和享受具有根本性的、多方面的意义。

首先，自然界是人类生存的必要环境和条件，其价值具有最大的强度。人类出生于自然界，生长于自然界，活动于自然界，与自然界血肉相连，须臾不能离开自然界。人们常常把自然界比作人类的家园，但人可以离开家园,而人类却完全不能离开自然界。人类可以没有幸福、没有快乐而生存,但不能没有自然环境而生存。自然环境对于人类的价值也许是人类所需要的价值中的最低层次,正因为如此,自然的价值往往不会成为人们所刻意追求的价值。比如,在现实生活中,有谁去追求空气的价值呢?然而,正如尼古拉·哈特曼所指出的,价值的层次越低,价值的强度越大。自然界对于人类的价值就是这种层次最低、强度最大的价值。从这个意义上看,自然界对于人类具有根本性的意义,人类可以什么都不要,不能不要自然界,人类可以什么都不保护,不能不保护自然界。

其次,自然界是人类物质、能量和信息的终极源泉,其价值具有最大的广度。无论是人类个体的生存、发展和享受,还是人类社会的存在和进步,还是人类文明的进化和繁荣,说到底都不过是种种不同的物质、能量、信息的转换,而所有这些物质、能量、信息最终都来自自然界,人类所能做的不过是利用它们、转换它们、重构它们,使它们对人类有利。人类认识、追求、创造、实现、消费种种不同价值,但所有这些价值都起源于自然界的物质、能量和信息,任何一种其他事物的价值都不能不以它作为最原始的材料,都不能超出它的范围。从这个意义上看,自然界的价值不仅是根本性的,而且具有最大的广度,是其他一切价值的母体。这个母体的质量如何,从根本上规定着所有其他一切价值的质量。因此,人类要最好地获取价值,就不能不保护自然界价值的纯洁性和优质性。

最后,自然界是人类幸福的重要条件和内容,其价值具有最大的高度。自然界对于人类幸福也具有十分直接的意义。其一,对自然的探索、改造和重构是人类成就事业的天地。我们知道,事业成功是人生幸福深度的标志,而人类的大多数事业都是与自然界相关的。在人类历史上，自然界成就了多少英雄伟人的事业，实现了多少专家学者的梦想！其二，自然界本身具有审美价值。自然界中的许多自然景观使人赏心悦目，心旷神怡。这些给人类增添了多少乐趣、多少快感！许多这样的自然景观是人类所无法建造的。其三，环境质量已经成为生活质量的重要指标。好的自然环境不仅是幸福的必要条件，而且本身就是幸福的重要内容之一。其四，回归自然越来越成为人们的一种幸福取向。人们有种种不同的幸福观，其中有不少为文明所累的人向往回归自然，与自然一体。这是一种新的幸福观，反映了追求更高层次幸福的愿望。以上所有方面都表明，自然界对于人类的价值可以达到人所追求的价值的最高度。

自然界与国家、世界不同，国家、世界完全是人为的，人类可以完全控制它们，使它们完全按自己的意愿构建和运作，而自然界则不完全是人为的，只是部分地是人为的，它不能完全按照人类的意愿构建和运作。自然本来就存在着破坏和损害人类的可能性，如果人类不善待自然，不爱护自然，这种可能性就会更大。因此，人类必须清醒地认识自然对于人类的价值的双重性质，努力构建与自然的和谐，从而让它造福于人类而减少它对人类的危害。

2. 美好社会之好

社会自古以来就存在，但真正的美好社会似乎在历史上没有出现过。新中国成立以来，我国一直致力于美好社会建设，并且取得了卓越成效。前面我们已经阐述了新时代幸福观关于新时代美好社会的构想，这里再在更一般的意义上谈谈美好社会应该好在哪里。

中国的传统文化是一种和谐文化，追求人和、地和、天和以及天地人和。何谓社会秩序？虽然上古的和谐观念是天地万物（包括社会）"生生不已"的动态和谐，但战国时代以后社会"大一统"的观念逐渐占据主导地位，政治上也建立起皇权专制制度。"大一统"观念认为，社会的秩序就是社会的统一，社会生活各方面统一了，全体社会成员的各个方面就会整齐一致。于是，统治者高度重视社会生活的统一，以社会的统一作为社会秩序的追求。但是，对于复杂的社会生活，这种完全整齐一致的秩序是不可能建立起来。于是，统治者不断强化一统，不断采取越来越严厉的措施防止、打击异端思想和越轨行为。当然，这并不能真正解决问题，但大量地消耗了统治者的精力和社会的资源。而且通过强制措施建立的静态秩序，即使能够维持，也是十分短命的。更为重要的是，对这种一统秩序的追求，必然导致两个社会后果：一是政治上的专制，二是经济社会发展的低速度和低效率。

近代以来，市场经济的兴起和发展，客观上要求个体必须具有独立自主性，过去那种一统的秩序再也不能适应经济发展的客观要求。在经济发展的客观要求面前，过去的一统秩序被打破，而且再也无法恢复，于是人类不得不在承认个体的独立自主性的前提下寻求社会的秩序。在这种寻求的过程中，人们逐渐发现可以建立一种不同于传统秩序的现代秩序。这种现代秩序就是动态的和谐秩序。与传统的静态整齐的秩序相比较，现代的动态的和谐秩序不像军队操练的整齐秩序，倒有些像乐队的演奏秩序：所有成员都按自己的乐谱演奏，而演奏的结果却是美妙动听的。其最显著的特征不是清一色的整齐，而是多样性的和谐。历史事实已经无可辩驳地证明，这种秩序不仅特别有利于社会稳定和发展，特别有利于个体能动性、创造性的发挥，特别有利于个人的自由、幸福，而且一旦建立起来就具有巨大的张力，因而十分稳定，也不会轻易地发生传统社会中常见的那种几十年一次大的、几年一次小的社会震荡。

动态的和谐秩序就是和谐社会的秩序，形成这种秩序的社会就是和谐社会，就是美好社会。动态的和谐秩序是一种在全社会普遍实现的和谐，包括个人身心和谐、人际关系和谐、个人与群体（包括国家）和谐、群体之间和谐、人与自然和谐。这种普遍和谐的社会是个人自由幸福与整体协调有序有机统一的美好社会。从总体上看，美好社会具有以下八大基本特征：

（1）普遍幸福。和谐社会是追求使每一个社会成员都感到幸福的社会。普遍幸福是和谐社会的终极目的和终极原则。社会为其成员追求幸福、享受幸福营造了良好的环境、条件，创造了众多的机遇，并建立了必要的幸福保障制度。人们可以按照自己的意愿自由地、平等地追求自我实现和个性发展。人们各得其所，自得其乐，心安理得，无怨无悔。

（2）个体自由。和谐社会是每一个个体都自由的社会。社会鼓励他们在社会总的价值导向下构建自己的价值体系，尊重他们的价值选择和追求。因此，和谐社会是价值主体多元化、整体价值导向一元与个体价值取向多元有机结合、相互补充的多样性社会；是个体的能动性、积极性和创造性得到充分发挥，聪明才智得到自由运用的充满生机和活力的社会；是社会成员的人格和个性得到自由、健康而又全面发展的丰富多彩的社会。

（3）社会平等。和谐社会是所有社会成员在人格上、权利上和机会上平等的社会。所有的社会成员都是独立的人格，在政治上、经济上、文化教育上享受同样的权利和机会。社会成员之间的差别不是人格上的，不是权利和机会上的，而是生理、心理素质上的和周围环境上的，以及由这一切引起的对权利的运用和机会的把握上的。所有社会成员的社会平等不仅得到社会的承认和尊重，而且得到法制的保护。

（4）民主充分。和谐社会是全体社会成员的社会。社会成员是社会的真正主人，社会的管理体现社会成员的意愿和意志，社会成员享有充分的自由，有自由表达自己意见、参政议政的权利，其自由和权利得到有力保障。建立了完善的权力制约、监督和控制机制，使权力滥用的可能降低到最小的限度，而且一旦发生就能得到及时的制止。

（5）法制健全。和谐社会是法制健全、依法治国的社会。法制是社会的主要调控机制和制约机制，法制条文是社会生活的唯一准则，整个社会生活都被纳入法制的轨道。任何个人、任何组织和机构都在法制范围内活动，没有任何权力可以超越和游离于法制之外。法制真正体现绝大多数社会成员的意志，立法民主化，司法程序化。整个社会建立了完善的有法可依、有法必依、违法必究的法治机制。

（6）生活富裕。和谐社会是经济发达、个人生活殷实的社会。市场机制和市场体系健全，生产力和科学技术发达。国家运用法律法规和有效的监控手段，维护市场经济的顺畅运行，避免和克服市场经济的负面效应。科学技术渗透于经济发展和社会生活的各个领域，成为第一生产力，成为提高劳动生产率的最有效手段和发展社会生产力的主要力量。经济、政治、文化、环境全面、协调、可持续发展。人们生活宽绰从容，社会保障和社会服务完善。

（7）道德高尚。和谐社会是德化的社会。社会风尚宽松、积极、健康、祥和。弱者能得到尊重和帮助，强者能得到鼓励和称慕。人与人之间相互尊重、彼此友善、互助合作。人们的心理健康、人格健全，有正确的价值观念和积极的人生态度，形成了有效的自我制约机制，道德品行端正。

（8）公正立国。和谐社会是公平、正义的公正社会。全体社会成员普遍树立了社会公正观念。社会公正原则被作为立国原则并被制度化。社会建立了公正原则得以贯彻的保障机制，既保证公正原则能成为国家一切活动的准则，国家活动一旦违背这种准则就能得到及时纠正；又保证公正原则能成为每一个公民一切活动的准则，公民活动一旦违背了这种准则也能得到及时的纠正。

总体上看，美好社会是一种以人为本，社会成员各尽所能、各得其所，经济、社会、文化、环境全面、协调、可持续发展的文明发达社会，是以幸福、自由、平等、民主、法制、殷实、道德、公正等为其基本规定性的"共建共治共享"的民主法治社会。

3. 美好自然之美

对于人类来说，自然之美就体现为人天和谐，即人天系统的和谐。人天系统是指人生活于其中的社会系统、生态系统和日地月系统。人天和谐意味着这三个系统本身的和谐，以及三个系统彼此之间的和谐。因此，人天和谐不仅是一种完全的和谐，而且是一种彻底的和谐。这里，我们以"世泰民安"表征社会系统和谐，以"生态平衡"和"风调雨顺"描述宇宙和谐，以"人天交融""生生不已"形容人天系统总体和谐，以期对人天系统和谐作出完整系统的描述。由此构成的这种人天和谐有以下五大特点，呈现了人天和谐的总体图景。

（1）世泰民安。这是就社会系统而言的和谐。世泰民安是借用汉语成语"国泰民安"来表征的。国泰民安的基本含义是国家太平，人民安乐。基本共同体从国家扩展到世界，国泰民安就是世界太平，世界人民安乐，这就是世泰民安的基本含义。世泰民安是自古以来人类的最高理想。中国在"大道之行"时代（即尧舜时代）就致力于天下"大同"，后来儒家据此提出了"天下平"的最高理想。社会和谐对于整个人类来说是最基本的和谐，有了社会和谐，生态和谐、日地月和谐才有意义。也可以这样说，只有世泰民安，人类才能过上真正好的生活，才有可能顾及生态和谐和日地月和谐，追求人天和谐。世泰民安主要体现为永无战争、秩序稳定、充满活力、人民安乐四个方面。世泰民安的前提是世界成为人类的基本共同体，不仅成为通常所说的"社会"，而且成为具有实体性的或本真意义的社会系统。

（2）生态平衡。这是就生态系统而言的和谐。生态平衡是整个生物圈保持正常的生命维持系统的重要条件，它为人类提供适宜的环境条件和稳定的物质资源。生态平衡是生物维持正常生长发育、生殖繁衍的根本条件，也是人类生存的根本条件。生态系统一旦失去平衡，就会发生非常严重的连锁性后果。生态系统的平衡是大自然经过了相当长时间才逐渐形成的，一旦受到破坏，有些平衡就无法重建了。生态平衡是生态系统中的生物和环境之间、生物各个种群之间，通过能量流动、物质循环和信息传递达到高度适应、协调和统一的状态。生态平衡是指生态系统内两个方面的稳定：一方面是生物种类（即生物、植物、微生物、有机物）的组成和数量比例相对稳定；另一方面是非生物环境（包括空气、阳光、水、土壤等）保持相对稳定。生态平衡是一种相对的、动态的平衡，总会因系统中某一部分先发生改变，引起不平衡，然后依靠生态系统的自我调节能力使其又进入新的平衡状态。正是这种从平衡到不平衡到又建立新的平衡的反复过程，推动了生态系统整体和各组成部分的发展与进化。也因为如此，人类可以发挥主观能动性，去维护适合人类需要的生态平衡（如建立自然保护区），或打破不符合自身要求的旧平衡，建立新平衡（如把沙漠改造成绿洲），使生态系统的结构更合理，功能更完善，效益更高。既然生态平衡是动态的，维护生态平衡就不只是要保持其原初稳定状态。生态系统可以在有益的人为影响下建立新的平衡，达到更合理的结构、更高效的功能和更好的生态效益。

（3）风调雨顺。这是就日地月系统而言的和谐。日地月系统是人天系统中最广大的系统,人类可能的作为也许永远不可能超出这个系统。这个系统是整个人天系统的支持系统,它是社会系统和生态系统一切物质、能量和信息的最终源泉,对于这两个系统具有决定性的意义。日地月系统的和谐涉及地球大气层(大气圈)的和谐及大气层以外的外层空间的和谐,而大气层的和谐对社会系统和生态系统的和谐影响极大。外层空间的和谐基本上是原生的,人类虽然已经开始对外层空间发生影响,但其破坏作用最终只会对社会系统和生态系统产生消极影响,不太可能对天体系统和谐产生致命性的影响。大气层的和谐对于社会系统和生态系统而言通俗地说就是"风调雨顺"。大气层主要是全球气候系统和生物地球化学循环这两个基本过程相互作用的结果,这两个过程的和谐决定着大气层的和谐,决定着人间是否风调雨顺。我们所说的风调雨顺就是指通过人类活动使生物地球化学循环、全球气候系统以至整个日地月系统处于良性的相互作用之中,从而为生态系统和社会系统提供和谐的外部环境。要使整个日地月系统特别是全球气候系统风调雨顺,人类不仅要保护和不断重建生态平衡,同时首先必须保护大气层,如果可能,还要作用大气层,使之朝着有利于人类生存、发展和享受的方向演化。

(4)人天交融。这是就社会、生态及日地月三个系统良性互动而言的和谐。对于今天的人类来说,这三个系统已经都不再是原生的系统,而是构建的系统。虽然三者之间是一种涵摄的关系,日地月系统涵摄生态系统,生态系统涵摄社会系统,但社会系统不仅是其中的最高层次和中心,它还可以改造自身,并通过改造自身来改造生态系统和日地月系统,使之适合人类更好地生存发展。我们所说的人天交融指的就是三个系统交汇融合,最终交汇于作为社会系统终极实体的个人,融合成每一个个人自由生活且自我实现于其中的美好家园。每一个人自由生活且自我实现是社会系统的终极指向。社会系统不是孤立的,而是开放的,是存在于生态系统和日地月系统之中的,它的物质、能量和信息最终都来源于这两个系统。而且,社会系统经过几百万年的进化到今天,也有能力主动作用这两个自然系统。社会系统能够获得这种主动作用的功能,也就应该发挥这种功能,使自然系统更有利于人类自由生活和自我实现。社会系统的这种功能主要体现在三个方面,即保护、治理和改造。保护自然系统是前提,改造自然系统是主要任务,治理则是针对自然系统发生的问题采取的措施。其终极指向是自然系统与社会系统各自和谐以及彼此之间的和谐,也就是每一个个人自由地生活在和谐的人天系统之中,追求自我的充分实现。

（5）生生不已。这是就社会、生态、日地月三个系统协同演化而言的和谐。现代科学证明,宇宙是演化的,日地月系统、生态系统和社会系统是在宇宙演化过程中出现的。作为宇宙演化的产物,这些系统还在不断演化,直至这些系统最终在宇宙中消亡。这样一个过程,就是中国远古经典《周易·系辞上》所描述的"生生之谓易"。生生不已的道理告诉我们,以人类为中心的人天系统像整个宇宙一样永远处于变化之中,其和谐也是动态的。因此,以人天交融为核心内容的人天系统的和谐也是变化的,即使已经实现了和谐也会始终面临着系统内外力量的挑战。我们这里说的"生生不已"指的就是人天和谐不是一时的和谐或一个阶段的和谐,而是能经受住各种挑战的可持续的持久和谐,虽变化无穷而生生不已。根据中国古代生生不已观念,宇宙和谐的基础在于,系统的个体必须独立自由,不受任何外在的强制,在此前提下遵循本性（道的体现）并使之充分地实现（德）。如此,虽然"物"不同,"势"不同,但其本性是共同的,即都是道的体现,这也就有了和谐的基础。人类以外的万物只能顺其自然，唯独人类能够真正做到尊道贵德，而人类要达到人天和谐就必须做到这一点。

4. "三美好"统一的关键

美好生活、美好社会和美好自然实际上是相互关联的，是一个美好的有机整体，其中任何一个方面不美好都会破坏整体的美好。社会不美好，自然和个人生活肯定不美好；自然不美好，社会和个人生活也肯定不美好；所有个人或大多数个人生活不美好，社会和自然同样不会美好；只有少数人生活不美好可能对社会和自然美好没有太大影响。在这三种美好中，决定性的因素是社会美好，有社会美好才会有生活和自然美好，也才会有三种美好的有机统一。社会美好本身是社会系统治理社会的结果，因此，社会系统是三种美好实现统一的关键因素。

社会系统原本是人为的、为人的，其存在的应然终极目的和意义就是通过引导人们追求生活得更好，并要给其成员生活得更好提供生存保障和作为条件来促进全体社会成员生活得更好。因此，社会系统的使命就在于为社会成员提供谋求引导、生存保障和作为条件。适应完成这种使命的需要，社会系统体系应包括相应的三大子体系。这三个子体系本身又包含着不同的维度和不同的层次。虽然社会系统不能够满足所有社会成员的所有需要，但与其成员的需要有着密切的关系，可以从满足人的需要加以构建。马斯洛的需要层次论认为，人的需要包括生理需要、安全需要、爱和归属需要、尊重需要和自我实现需要五个层次。谋求所有需要得到满足意味着谋求生活得好，而如果不停滞下来不断追求所有这些需要得到更好的满足，那就意味着谋求生活得更好。因此，社会系统可以引导所有社会成员谋求五种需要不断得到更好满足。在这五种需要中，前四种需要涉及生存保障，社会可以为其成员这四种需要的满足提供可靠保障；后一种需要涉及提供作为条件，社会可以为其成员这种需要的满足提供尽可能好的条件。

社会存在的最重要的目的和意义之一就是给每一个社会成员谋求生活得更好以引导。人的本性虽然是谋求生活得更好，但这种本性并不是直接呈现的，人们不可能直接感知，而只能通过反思和探讨才能发现，并通过教化的途径使人们意识到。这样一个过程通常并不是每一个社会成员都能完成的。在没有社会给予引导的情况下，人们还是会自发地谋求生活得更好。

谋求引导包括两个层次：一是谋求的规范引导，告诉人们在谋求自己生活得更好的过程中，不能妨碍和伤害他者（其他人和社会），必须合法、合德；二是谋求的理想引导，告诉人们人的潜质是很大的，任何时候都不能停滞下来，满足现状，不思进取，而要不断积极谋划和追求，确立并追求人生理想，使自己生活得更好（更有质量、更有品位、更有格调、更有情趣），使自己的人格和人生不断完善，达到更高境界。谋求引导还有不同的维度，如生存、发展、享受的引导，家庭生活、公共生活（包括政治生活）、职业生活、个人生活的引导等。

就生存保障而言，社会系统要提供生理需要满足、安全需要满足、爱和归属需要满足、尊重需要满足这四个层次的基本保障。这四个层次是从低到高的，提供生理需要满足的基本保障是最低层次的目的。根据尼古拉·哈特曼的观点，最低层次的价值强度最大，最低层次的目的也是最基本层次的目的。一个社会不能给其成员提供生理需要的基本保障，这个社会就存在不下去，迟早会为一种新的社会所取代。因此，社会尤其要重视为其成员提供生理需要的基本保障。提供尊重需要满足的基本保障是就提供生存保障而言的最高层次，提供这个层次的保障与提供作为条件直接相关，一个社会越是为人们提供优越的作为条件，人们的尊重需要就越是得到充分的满足。根据马斯洛的需要层次论，提供生存保障的每一个层次本身又有不同的维度或方面。例如，生理需要包括空气、水、食物、睡眠、生理平衡等方面。社会成员这些生理需要的满足不能完全依赖个人和家庭，在相当大的程度上需要社会提供基本保障，其中空气、水和食物尤其如此。社会给其成员提供生存保障，包括直接的方面（如人身安全、家庭安全、财产安全），也包括间接的方面（如友情、爱情得以存在的社会环境）。一个社会既要注意提供直接的生存保障，也要重视提供间接的生存保障，使生存保障不只是表面的，而且是有深度的。

就作为条件而言，社会系统有两个层次的使命：一是给所有社会成员提供自我实现的必要条件，二是给少数社会精英或英雄提供自我超越的必要条件。任何一个社会都不能使每一个社会成员做到充分自我实现，但应该为追求自我实现的人提供尽可能好的条件，包括鼓励和激励。如果社会不能给人们自我实现提供必要条件，社会就不会有人追求自我实现，即使有人有这种追求，也很难如愿以偿。社会也需要为那些追求自我超越的人提供作为条件。自我超越与自我实现不同，它是除了自我实现之外还使人性中的某种潜能得到超常开发并使之超常发挥。如历史上的伟大哲学家、科学家、艺术家、政治家、工匠等。社会系统为自我实现和自我超越提供作为条件，就是要通过鼓励人们自我实现和自我超越来使社会进步、美好、有深度和多样化，而克服社会的平面化、庸俗化和单一化（单向度化）。社会为自我实现和自我超越提供的条件，既包括为社会成员普遍提供人性潜质充分开发的条件，也包括为已经开发出来的才能提供得到尽可能充分发挥的条件。前者主要是通过学校教育实现的，后者主要通过社会提供人尽其才的就业机会和舞台实现。

社会系统能够充分履行上述三大使命，就会使社会本身和谐美好，也会为每一个人的生活美好创造环境和提供条件，还会为个人生活美好构建人与自然的和谐。然而，传统社会系统无视社会的终极目的而将实现统治者的利益作为社会的终极目标，因而根本不可能履行其应有的使命。现代西方社会系统虽然取得了巨大的历史性进步，但在履行其使命方面还存在着很大差距。现代西方社会比较好地解决了提供生存保障的问题，特别是社会成员生理需要和安全需要得到基本满足的问题，但由于过分强调公民的自由而忽视甚至放弃了为社会成员提供作为条件的问题。党的十九届三中全会作出坚持和健全中国特色社会主义制度，推进国家治理体系和治理能力现代化，就是要优化社会治理系统，使之能够充分履行应有使命，从而为美好生活、美好中国和美好生态的有机统一提供可靠保证。

四、一切为了人民生活更加美好

今天我们是在中国特色社会主义新时代讨论人民生活更加美好这个目标的实现，我们必须立足于新时代中国的实际寻求实现目标的主要路径，使之能够从理想变为现实。党的十八大以来，党中央不断采取新的有效措施加速这一目标的实现，这些措施很多，有的是宏观的，有的是具体的。这里我们从这些措施中归纳出五个重点作为通往人民生活更加美好的主要现实路径。

1. 彰显新时代幸福观

新时代幸福观所要回答的就是什么是人民美好生活以及如何让人民过上更加美好生活的问题，因此，实现人民生活更加美好，首先要促进社会公众对新时代价值观的认知认同，接受并奉行这种幸福观。

改革开放以来,我国的幸福观像价值观一样呈现出多元的格局。经过近十年来的着力构建,新时代幸福观已经基本形成,并正在为越来越多的社会公众认同和信奉,但要使新时代幸福观成为我国主流幸福观还有许多工作要做。当前的首要任务是大力宣传这种幸福观,促进广大人民群众认知认同,尤其要加强对在校学生的教育,让他们系统完整地学习新时代幸福观,并促进他们将其转化为自己的幸福观。更为重要的是,还要进一步完善新时代幸福观,使之更具有说服力、感召力和影响力。新时代幸福观形成的时间还不长,在整体上还不够完善,因而加强其自身建设是凸显其主流地位的基础性工作。具体而言,在新时代幸福观建设方面目前要着重做好以下四方面的工作。

第一,新时代幸福观要更充分体现社会主义核心价值观的精神和要求。国家富强、民族振兴、人民幸福的"中国梦"是核心价值观的终极价值目标,当代中国人的幸福就是人民的幸福,构建当代中国人的幸福观最重要的是使之体现"中国梦"的价值追求。人民幸福需要国家富强和民族振兴作为物质基础和社会条件。只有国家富强了,民族才能振兴,而只有国家富强、民族振兴,人民才能幸福。国家贫弱则民族衰微,当然也不可能有人民幸福。国家富强、民族振兴归根到底又是全国人民普遍过上幸福生活,人民幸福更具有根本性、终极性。从这种意义上看,中国社会的终极价值目标也可以更简单地说,就是人民幸福,或者说就是普遍幸福。因此,当代中国人的幸福观是人民幸福的幸福观,它以人民为主体和中心,以人民的普遍幸福为终极指向和最高追求,以国家富强、民族振兴为基础和保障。

第二,新时代幸福观要弘扬和更新优秀传统幸福观。中国传统幸福观拥有丰富的观念文化资源,其中饱含有价值的内容和积极合理的因素，如对国泰民安、丰衣足食、平平安安等日常生活理想的追求，对善良、勤劳、节俭、谦让、诚实、守信等致福路径的倡导，特别是对家和邻睦、安康吉祥、敬祖畏天、行善积德、慎终追远的强调。这些内容和因素对于治疗及时行乐、尽情享受、贪得无厌、无所顾忌、不择手段等现代流行病以及良知麻痹症无异于妙药良方。然而，传统幸福观是在传统社会自然（小农）经济、宗法封建和皇权专制制度土壤中自发形成的，它建立在社会成员普遍清贫困苦的物质匮乏的基础上，深受政治上的压迫、经济上的剥削、苛捐杂税、频发的战乱等社会因素的消极影响。由于这些原因，传统社会实际奉行的幸福观存在着很大的局限性，如讲求实惠、满足现状、目光短视、患得患失，以及不重视个人的自由、权利和个性发展等。这些局限集中到一点就是对幸福的理解比较狭隘。因此，当代中国幸福观要在弘扬优秀传统幸福观的同时对它进行创造性转化和创新性发展，使之成为民族特色和时代特色兼具的现代幸福观。

第三，新时代幸福观要进一步反映和回应人类共同价值。在第七十届联合国大会上，习近平主席演讲指出："和平、发展、公平、正义、民主、自由，是全人类的共同价值。"伴随着全球化时代的到来，各国相互联系、相互依存的程度空前加深，人类生活在同一个地球村里，生活在历史和现实交汇的同一个时空里，越来越成为你中有我、我中有你的命运共同体。全人类的共同价值就是在人类命运共同体形成的过程中逐渐形成的价值共识。当代中国人的幸福需要持久和平、普遍安全、共同繁荣、开放包容、清洁美丽的世界，当代中国人的幸福观需要反映和回应全人类的共同价值，积极推进人类命运共同体建设。"大道之行也，天下为公"是自古以来中国人的追求，协和万邦、和而不同、"泛爱众""兼相爱"等理念代代相传。当代中国人的幸福观要弘扬传统文化中的"大同"精神和"天民"情怀,使人类共同价值成为其基本内涵。

第四,新时代幸福观要由全社会共同构建。传统社会实现幸福主要是个人或家庭的事情,在社会安定和政治清明的条件下,个人或家庭只要通过努力就可以实现"五福"。在当代中国,个人的幸福不仅需要个人有完善的人格和不懈的努力,还需要经济、政治、文化、社会、生态文明整体上的协调和可持续发展,特别需要自由、平等、公正、民主、法治的社会条件,需要得到保护的自然环境。当代中国人的幸福主体已经不再只是个人或家庭,还包括党和政府以及企事业单位和各种社会组织。因此,构建当代中国人的幸福观需要全社会各种类型、各个层次的主体明确责任,通力合作。

正如习近平总书记所言:"站立在960万平方公里的广袤土地上,吸吮着中华民族漫长奋斗积累的文化养分,拥有13亿中国人民聚合的磅礴之力,我们走自己的路,具有无比广阔的舞台,具有无比深厚的历史底蕴,具有无比强大的前进定力。"[1] 我们相信,当代中国人一定会写下无愧于我们伟大时代的绚丽幸福篇章!

2. 弘扬核心价值观

新时代幸福观是社会主义核心价值观(以下简称为"核心价值观")在新时代的具体体现,核心价值观是新时代幸福观的理论依据和观念支撑。人民幸福或让人民生活更加美好是核心价值观的终极价值目标,同时也是新时代幸福观的实质内涵。由于人民幸福是核心价值观的终极价值目标,因而在一定意义上可以说,核心价值观是广义的社会主

---

[1] 习近平:《坚持和运用好毛泽东思想的灵魂》,《习近平谈治国理政》,外文出版社2014年版,第29页。

义幸福观，社会主义幸福观是狭义的核心价值观，而新时代幸福观是社会主义幸福观在新时代的体现和要求，是中国特色社会主义新时代的幸福观。核心价值观是整个中国特色社会主义的观念结构，其建设的重要任务之一，就是要使这种观念结构转变为社会现实的价值体系。因此，要实现让人民生活更加美好这一新时代幸福观奋斗目标，就必须弘扬社会主义核心价值观。

社会主义核心价值观虽然自改革开放就已经开始其形成的过程，但直到党的十八大才明确提出，它本身还处于建设的过程中。因此，当前弘扬社会主义核心价值观与加强核心价值观建设是同一个过程，或者可以说是要通过加强社会主义核心价值观建设来弘扬它。从实现人民生活更加美好的角度看，需要着重要从以下几个方面加强核心价值观建设。

第一，以核心价值观为核心内容构建完整系统的理论价值体系和现实价值体系，并使其中不同维度、不同层次的各要素协调一致，良性互动。社会的价值观是一个复杂的体系，它不只是指核心价值观，也包括不同维度、不同层次的具体价值观。因此，存在着一个以核心价值观或理论核心价值系统为核心来构建完整系统的理论价值观或理论价值体系的问题。与此同时，还需要将以核心价值观为核心内容的理论价值体系现实化，使之成为现实的价值体系。这种现实价值体系是社会生活和文化的深层结构。社会现实的价值体系与其观念的或理论的价值体系是同构的。核心价值体系与具体的价值体系是相互依存、不可分割的，否则就无所谓真正意义的核心价值体系。更为重要的是，如果只有核心价值观，而没有具体的价值体系，核心价值观的价值追求和要求就不能传达到现实的社会生活中去。因此，我们不能始终孤立地构建核心价值观，而要将它与其相关的具体价值观和现实价值体系一同构建。

第二,明确核心价值观在国家主流意识形态中的核心地位,使建设核心价值观与坚持马克思主义主导地位、弘扬中国优秀传统文化有机统一起来。一个社会的主流价值观是该社会主流意识形态的核心内容,因而也是该社会的主流文化的核心内容,而主流核心价值观则是该社会主流意识形态和主流文化的精髓和灵魂。主流核心价值观绝不是独立于主流意识形态和主流文化之外的,而是其根本,它决定着它们的基本性质和根本立场。主流价值观(其核心内容是核心价值观)、主流意识形态和主流文化是一个社会中主流思想文化的三个层次,主流价值观的层次最高,是其中的核心,主流意识形态和主流文化都是围绕主流价值观展开的,并且是服从于、服务于主流价值观的。在推进国家治理现代化的过程中,需要通过进一步的深化改革促进我国主流思想文化成为完整统一的思想文化。如此,我国目前思想文化领域存在的一定程度的混乱状态才能得到克服,主流思想文化才能得到全体社会成员的普遍认同,我国的主流思想文化力量才能得到充分显现。

第三,制定核心价值观融入现实社会生活的实施方案并采取有效措施使之落实。核心价值观建设的重要任务之一是要使它融入社会生活,成为"百姓日用而不知"(《周易·系辞上》)的品质和习惯。从国家治理现代化的角度看,使核心价值观融入社会生活和个人心灵,最值得重视的是使核心价值观道德化,根据核心价值观的精神和要求构建我国社会的道德价值体系。道德和法制是现代社会的两种最重要社会控制机制,而道德具有诸多法制不具有的优点。其中一种最重要优点是,道德像空气一样,无所不在、无时不有,影响广泛而深刻。核心价值观要"落细落小落实",必须通过道德的途径才能实现。以德治国一直是我们的治国方略,也是国家治理现代化必须坚持的原则。

现在面临的问题是，如何使我国主流道德本身进一步体现核心价值观的精神和要求，从而使之成为核心价值观融入社会生活和进入人们心灵的最有效途径和载体。这是当前推进国家治理现代化所急需解决的重大问题。

第四，确立以核心价值观为核心的中国特色社会主义价值观作为主流价值观的地位，构建以主流价值观为主导、主流价值观与非主流价值观共存共荣的社会价值观新格局。伴随着改革开放的深入，过去文化一元化的局面逐渐改变，社会主义文化以外的各种文化竞相登上当代中国舞台，出现了文化和价值观多元化的格局。改革开放以来，我国的主流价值观吸收了不少非主流价值观的内容，正因为如此，我国的主流价值观正日益得到广泛的社会认同。但不可忽视的是，我们曾一度对一切非主流文化持排斥、打压的态度，不能正确处理主流文化与非主流文化的关系，导致了当前我国主流文化与非主流文化仍然处于对峙甚至尖锐冲突的状态。面对这种情况，我国需要调整对待非主流价值观的战略，改变对非主流价值观（无论是西方价值观、传统价值观，还是其他价值观）简单排斥、打压的做法，在允许其存在和发展的前提下，充分地吸取其中合理的、有价值的内容，为我所用，使我国主流价值观成为包含当今人类一切文化中优秀内容的真正最先进的主流价值观。

3. 完善国家制度体系和治理体系

中国特色社会主义制度和国家治理体系是以马克思主义为指导、植根中国大地、具有深厚中华文化根基、深得人民拥护的制度和治理体系，是具有强大生命力和巨大优越性的制度和治理体系，是能够持续推动拥有近十四亿人口大国进步和发展、确保拥有五千多年文明史的中华民族实现"两个一百年"奋斗目标进而实现伟大复兴的制度和治理体系。其本质是人民当家做主或人民至上,而其价值指向是人民幸福,它是让人民过上更加美好生活的制度保障。七十年来,我国国家制度和国家治理体系具有多方面的显著优势,但当今世界正经历百年未有之大变局,我国正处于实现中华民族伟大复兴关键时期,因此必须在坚持和完善中国特色社会主义制度、推进国家治理体系和治理能力现代化上下更大功夫。唯有如此,才能不断满足人民对美好生活新期待,战胜前进道路上的各种风险挑战。

从实现人民生活更加美好的角度看,坚持和完善中国特色社会主义制度,推进国家治理体系和治理能力现代化,关键是要将核心价值观的精神和要求融入国家制度和治理体系。其中以下三个方面是基本要求。

第一,进一步把核心价值观的终极目标明确作为国家治理现代化的终极目标。人民幸福是核心价值观的终极目标,也是全社会的终极追求,国家治理现代化也必须把全体中国人民的普遍幸福确定为终极目标。党的十九届三中全会通过《中共中央关于坚持和完善中国特色社会主义制度推进国家治理体系和治理能力现代化若干重大问题的决定》(以下简称《决定》)提出,国家治理体系和治理能力现代化的目的就是把我国制度优势更好转化为国家治理效能,为实现"两个一百年"奋斗目标、实现中华民族伟大复兴的中国梦提供有力保证。不言而喻,实现这一目的最终是为了解决人民日益增长的美好生活需要和不平衡不充分的发展之间的矛盾,使全体中国人民都过上幸福生活。这后一个目的才是国家治理现代化的终极指向,而前一个目的则是实现这一终极指向的阶段性目标。明确这一点十分重要。核心价值观的终极目标也是中国特色社会主义事业的目标。对这一终极目的有明确的意识和把握,可以防止在国家治理现代化过程中偏离这一目的的问题发生,使国家治理现代化始终沿着中国特色社会主义道路前进,全心全意地追求中国人民的普遍幸福。

第二,国家的根本制度、基本制度和重要制度必须充分体现核心价值观的精神和要求。《决定》第一次明确将国家制度划分为根本制度、基本制度和重要制度三个层次,而且明确强调"突出坚持和完善支撑中国特色社会主义制度的根本制度、基本制度、重要制度"[1]。《决定》第一次完整深刻论述了坚持和完善中国特色社会主义制度在各方面必须坚持的根本制度、基本制度、重要制度,这不仅是一种理论创新,而且进一步指明了完善国家制度和国家治理的切入点、聚焦点和着力点。在国家治理现代化的过程中,必须在坚持的前提下完善所有这些方面的制度,而完善的依据就是核心价值观的基本精神和要求。

第三,国家治理能力的现代化要以体现核心价值观精神和要求的道德作为支撑和依据。国家治理能力现代化的根本要求就是要把我国制度优势更好转化为国家治理效能。这种效能要通过国家治理者即干部队伍发挥出来,所以《决定》要求把提高治理能力作为新时代干部队伍建设的重大任务。干部队伍的治理能力无疑是指党和国家各级各类干部的治国理政能力,但这种能力的形成和运用都必须以良好的道德素质为前提。

在中国传统文化中,道德素质的实质内涵是"诚"。孟子说:"诚者,天之道也;思诚者,人之道也。"(《孟子·离娄上》)就是说,追求"诚"乃人之为人的根本规定性。在荀子眼里,"诚"不仅是君子的操守,而且是为官从政的根本:"夫诚者,君子之所守也,而政

---

[1] 《中共中央关于坚持和完善中国特色社会主义制度推进国家治理体系和治理能力现代化若干重大问题的决定》,新华网,2019年11月5日。

事之本也。"(《荀子·不苟》)从今天国家治理现代化的要求看，干部队伍的国家治理能力是以"德"为前提的"能"，有"德"，"能"才能不断提升并充分发挥出来。如果没有"德"这种决定性前提，一方面干部队伍不可能真正形成中国特色社会主义国家治理现代化所需要的能力，另一方面即使获得了这种能力也不可能运用这种能力为实现"两个一百年"奋斗目标、实现中华民族伟大复兴的中国梦而努力奋斗。习近平同志指出："核心价值观，其实就是一种德，既是个人的德，也是一种大德，就是国家的德、社会的德。国无德不兴，人无德不立。"[1]

今天中国的这种"大德"就是社会主义核心价值观，国家治理现代化归根到底就是要"立"这种大德，也必须以这种大德为规导。领导干部立德就是要立这种"大德"，也就是不仅要更自觉地培育和践行核心价值观，而且要率先垂范，正人先正己。因此，广大干部不仅要严格按照制度履行职责、行使权力、开展工作，而且要全心全意为人民服务，真正做到权为民所用、利为民所谋、情为民所系。

4. 推动人类共同价值构建

中国人民幸福需要持久和平的世界环境，而世界永久和平的基本前提是世界成为人类的基本共同体。伴随着全球化时代的到来，世界已经在事实上形成了一个命运休戚与共的共同体，但并未成为人类基本共同体。我国提出的构建人类命运共同体的倡议得到许多国家和国际组织的响应。构建人类命运共同体的首要任务是构建人类共同价值体系，因此推动人类共同价值体系构建也是中国人民生活更加美好的

---

[1] 习近平：《青年要自觉践行社会主义核心价值观》，《习近平谈治国理政》，外文出版社2014年版，第168页。

必然要求。

构建人类共同价值体系必须考虑今天国家化的现实，考虑不同国家的历史和文化，考虑各国对西方价值普遍抵制的情绪，由此，我们所要构建的人类共同价值体系才会具有普遍接受性，并因而具有普遍约束力。同时，这种价值体系又要反映和代表全人类的根本的总体的利益，兼顾国家和单个人的利益，能够促进人类自由和福祉的普遍实现，并为人类安宁和安全提供基本保障。

基于上述考虑，人类共同价值体系应由作为终极目标的人类普遍幸福，作为核心理念的和平、发展、合作、共赢、公正、和谐，作为基本原则的人类利益至上、尊重国家主权、维护基本人权、恪守和平底线、协商解决冲突这些主要要素构成，人类应该在所有这些方面形成价值共识。人类共同价值体系必须从根本上突破人类个体的利己主义、人类国家的国家至上主义的局限，以世界和谐主义为基本价值取向。就是说，人类共同价值体系应是和谐主义的世界价值体系。

为了确保人类终极价值目标的实现和人类核心价值理念的践行，制止已经发生的、预防可能发生的对人类整体的伤害行为，还必须确立一些基本价值原则。这些原则是人类普遍幸福的基本保障，它们应当成为所有人类个体和国家以及一切人类组织必须遵循的行为准则。基本价值原则是共同价值体系的保障，在共同价值体系中具有十分重要的地位。这里对我们提出的五条基本原则的含义和理由作简要的阐述。

第一，人类利益至上原则。这条原则的基本要求是把人类整体利益看作至高无上的，当个人利益和国家利益与人类整体利益相冲突的时候，必须服从和成全人类整体利益。这是人类共同价值体系的一条根本原则，一切违反这一原则的原则和行为都是不正当的。根据这条原则，目前世界各国普遍奉行的国家利益至上的原则必须修正，各国都要将本国的利益置于人类整体利益之下。确立这条原则的依据是，既然人类已经形成了命运共同体，则人类整体利益受到伤害必然会殃及各个国家和各个个体。假如人类整个陷入战乱，世界充斥邪恶，那么就不会再有任何一个国家或任何一个个体的安宁，两次世界大战就是血的教训。这即是"覆巢之下岂有完卵"这一成语所蕴含的道理。

第二，尊重国家主权原则。在国家化的情况下人类所形成的命运共同体，其主体主要是世界上的193个国家，而非多达70亿的单个个体。当然，在终极的意义上个人是人类的主体，只是在现阶段主宰着世界命运的主要还是国家，国家还远未成为马克思意义上的自由人联合体。相对于世界整体来说，国家是独立自主的个体，是具有主权的基本共同体。国家的这种主权必须得到确实的尊重，除了世界管理组织之外，任何国家在任何情况下都不能干涉别国的主权，更不能以任何名义侵略、占领、掠夺别的国家。即使是世界管理组织对某国的干涉也必须得到国际法授权，并严格按照国际法行事。将尊重国家主权确定为人类基本价值原则，一方面是对人类已经国家化、国家具有了公认的独立自主主权这一历史的尊重，另一方面也是为了防止一些国家以种种名义别有用心地侵犯或干涉别国的事务。

第三，维护基本人权原则。《世界人权宣言》明确规定了人的生命、自由、平等、人身安全等基本权利，这些权利是不可剥夺、不可转让的。例如："人人生而自由，在尊严和权利上一律平等。他们富有理性和良心，并应以兄弟关系的精神相对待。"（第一条）该宣言还规定：宣言的任何条文，不得解释为默许任何国家、集团或个人有权进行任何旨在破坏本宣言所载的任何权利和自由的活动或行为。《世界人权宣言》在联合国大会通过时，除了八个国家弃权之外，没有一个国家反对。[1]因此可以认定,所有这些条款都得到了世界大多数国家的公认。根据《联合国宪章》和《世界人权宣言》的规定,人的基本权利比国家的主权更重要,任何国家没有权力侵犯人的基本权利,因此维护基本人权应当作为人类共同价值体系的一条基本原则。

第四,恪守和平底线原则。世界和平是人类普遍幸福的基本前提,战争和恐怖主义只会给人类带来灾难和痛苦,因此必须旗帜鲜明地维护世界和平安全,反对一切破坏世界和平安全的战争和恐怖主义以及其他个人、组织或国家行为。把和平作为人类共同价值的底线原则,是为了把一切破坏人类和平的行为视为邪恶的、不正义的,因而这条原则是任何人类行为善恶、正当不正当、正义不正义以及有无价值的判定标准。任何人、任何国家都不得以任何名义发动其后果会破坏世界和平的战争或其他有害行为,否则其行为就是邪恶的、不正当的、不正义的,应遭到全人类和世界各国的谴责,也应受到世界管理机构的严惩。

第五,协商解决冲突原则。国家之间、国际组织之间发生某些冲突是不可避免的,但冲突只能通过和平的途径而不能诉诸其他途径解决。协商是解决冲突的主要和平途径,因此应将协商作为解决人类一切冲突的基本原则。协商的前提是对话,对话的前提是非武力的和平。根据这条原则,任何以武力或以恐怖行为等非和平、非对话、非协商途径解决冲突的行为都是不道德的。协商可以是冲突双方直接协商,也可以是通过第三方出面协商,协商的方式本身是可以协商的,而协商作为解决冲突的基本手段则是不可动摇的。

---

[1] 参见《世界人权宣言》全文,联合国官网,http://www.un.org/zh/universal-declaration-human-rights/index.html。

以上五条基本原则，是人类的基本价值原则，也是世界道德、世界政治的基本原则，是判定世界上的国家、组织、个人行为是善的还是恶的、正当的还是不正当的、公平正义的还是不公平正义的基本标准，任何违反这些原则的行为都应受到全人类的共同谴责并加以制止。

第三章
新时代幸福观的个人之维

新时代幸福观是我们党和国家倡导和践行的幸福观，要将这种幸福观落到实处，需要将其转化为社会公众普遍认同、信奉和践行的幸福观。如同中国梦是国家的梦、民族的梦，归根到底是中国人民的梦一样，新时代幸福观归根到底是人民的幸福观。从我国公众个人的角度看，幸福观要贯彻新时代幸福观的精神和要求，与之相一致，同时也要有与每一个个人相适应的具体内容。因此，新时代个人幸福观是一种既体现新时代社会幸福观精神和要求又具有个人幸福观特质和内容的幸福观。这种幸福观可视之为新时代幸福观的个人之维，它是新时代幸福观在社会成员个人身上的具体体现。

党的十九大报告指出，中国特色社会主义道路是实现社会主义现代化、创造人民美好生活的必由之路。在中国特色社会主义道路上，我们每一个人应当如何创造自己的美好生活，如何通过创造自己的美好生活来推进人民美好生活这一新时代奋斗目标的实现，是摆在我们每一个社会成员面前的重大任务，也是每一个社会成员构建自己幸福观所必须面对和解决的问题。

从个人的角度看，创造自己的美好生活需要在深刻理解生活本质的基础上认识美好生活所需要的主观条件，需要在创造美好生活的过程中不断提高美好生活所需要的综合素质，增强感受美好生活的能力，从而使自己成为美好生活的创造者和享受者。

一、走幸福之路

进入中国特色社会主义新时代后，社会成员个人需要确立或构建什么样的价值观，是一个值得高度重视的问题。一方面，新时代幸福观是一种社会幸福观，我们个人要将其转化为自己的幸福观，但它并不等于个人的幸福观，个人的幸福观还需要在此基础上进一步构建，另一方面，我国目前还有不少人不仅没有将新时代幸福观转化为自己的幸福观，没有形成自己完整的幸福观，甚至还奉行错误的幸福观。因此，我们需要讨论新时代所需要的个人幸福观。

1. 构建新时代个人幸福观

中华民族是一个崇尚幸福、向往幸福、追求幸福、创造幸福和注重享受幸福的民族。中国人的幸福观源远流长，丰富多彩。传统文化中的"五福"就是中国人的一种美好、吉祥的人生理想，是独具民族个性特色的幸福观。它反映了中华民族对幸福的热切渴求和美好企盼，体现了中国人对于好生活的宏观认识和总体把握。改革开放以来，中国社会发生了深刻的巨大变化，我国社会生活发生了全方位深度改变，同时，传统幸福观也发生了历史性嬗变，当代中国人的幸福观呈现出多样化、复杂化的局面。

在这种多样化、复杂化的格局中，当代中国人在幸福观上也逐渐达成一些积极的共识：一方面将个人的好生活与其个人的好人格以及与好家庭、好社会、好自然紧密地联系起来，另一方面对所有这些方面赋予了新的时代内涵。好生活是幸福的核心内容，但它不再被理解为传统社会的"五福"，也不再被理解为更多资源的占有或物质欲望的满足，而是被理解为人的全面而自由发展。好人格是幸福需要的主观条件，它也不只是传统意义上的仁义道德或干事创业的能力，而是人的优良品质、丰富知识、卓越能力以及健康体魄等方面有机构成的完善整体。好家庭、好社会、好自然这三个方面则是幸福所需要的客观条件，它们也都被赋予了现代意蕴。例如，今天的社会已经不仅仅指国家，而且指世界，好生活不仅需要好国家，也要求建立和平、安全、合作的人类命运共同体。近一些年来，在新时代幸福观影响下，中国人的幸福观正在进一步朝着更积极健康的方向发展，主流幸福观以其强大的正能量正在赢得越来越广泛的认同。但是，我国幸福观多元甚至对立的局面尚未根本改变。

目前，在我国公众持有的各种幸福观中，有两种仍然十分流行。一种可谓之为资源占有幸福观，它把幸福等同于占有资源（金钱、财富、权力等等），认为占有的社会资源越多越幸福。另一种把幸福看作是感性欲望（物质欲望）的满足，以为感性欲望越是得到满足、获得的享受越多越是幸福。这种物质享受幸福观比前一种幸福观更为流行，为更多的人所奉行，因而消极影响更大。

这两种幸福观自古以来就存在，它们虽然在人性中有其根源，但在市场经济条件下，谋求利益最大化成为人们行为的普遍动机。所有社会资源本身都是利益，而且可以作为带来更大利益的资本。于是，在不少人那里，占有资源便不再是幸福的必要条件，而成为人生的目标，成为自我实现的标志。市场经济发展的一个重要后果是消费主义盛行。市场主体为了获得更多的利润，不断刺激和开发人们的消费欲望，给人们欲望的满足提供了目不暇接、花样翻新的产品和服务。在这种消费主义的社会环境中，人们很容易以为欲望得到越多满足、得到越高层次的满足就越幸福。于是，物质享受幸福观便流行起来。

资源占有幸福观和物质享受幸福观在我国的流行虽然有其客观原因，但都是有偏颇的幸福观，已经导致和可能导致人生和社会问题。

资源占有幸福观最大的问题是会导致人生异化，即将作为幸福条件的占有资源当作了幸福本身，并受控于占有欲，从而损害人生和社会。占有一定的资源是人生幸福的必要条件，但它只是幸福的条件而不是幸福本身。一旦将资源占有当作人生目的加以追求，当作幸福本身，那么占有欲望就会不断膨胀，最后充斥整个心灵，人不再是自己生活的主人，而成为不断膨胀的贪欲的奴隶。导致当前我国严重腐败问题的一个重要主观原因，就是一些人将占有理解为幸福，以为占有越多越幸福。

物质享受幸福观的问题不在于追求物质享受，而在于仅局限于此而忽视了人的其他需要的满足，容易导致心理问题。人只有既获得物质享受又获得精神享受，心理才能平衡和和谐，否则就会发生心理问题，甚至会患上抑郁症之类的心理疾病。把物质欲望的满足作为唯一追求，必然会导致这样的恶性循环：欲望得不到满足会感到痛苦、郁闷、愤懑，得到满足又会感到无聊，于是又会追求更多、更强烈的欲望的满足，为此又不得不全力打拼、疲于奔命，如此循环往复，直至心灵不能承受欲望之重。物质享受幸福观的问题就在于此。这种幸福观盛行是当代中国人之所以普遍感到活得累、活得身不由己、感觉空虚和无聊的一个重要原因。

这两种幸福观的共同问题在于，它们都使人的物质需要（欲望）过度膨胀，使人的需要结构乃至人性结构变形。人的需要或欲望有不同的层次，而且是一个整体结构，物质需要是人的最低层次的需要，基本上属于马斯洛需要层次结构中的生理需要层次，使物质需要过度膨胀就会破坏需要—满足的整体结构。人的其他需要（如情感需要、社会尊重需要，以及丰富的自我实现需要等）就会受到严重挤压甚至抑制，从而使需要—满足结构发生畸变。需要结构是人性的基础结构，需要结构畸变就会使人性结构畸变，并因而使人性结构、人生结构畸变。其后果极其严重。

这两种流行的幸福观不仅已经导致了许多消极社会后果，也对主流幸福观的社会认同产生了很大的阻碍和冲击。因此，构建当代中国人幸福观，需要我们深刻反思和检讨这两种幸福观，通过各种措施加以控制，一方面加快持这类幸福观的人接受主流幸福观，另一方面要努力消除这类幸福观产生的温床和流行的市场。与此同时，我们还要加大公众正确幸福观构建的力度，促进公众幸福观"主旋律"与"多样化"相统一的格局形成。

从我国目前情况看，构建我国公众幸福观需要着重做好三项工作。

第一，通过各种途径宣传教育主流幸福观，加大公众对新时代幸福的认知认同。新时代主流幸福观通过党和国家的倡导和践行而影响力越来越大，但公众更多的是感受到这种幸福观带来的社会变化和个人实惠，对它缺乏系统的了解，所知的是片面的、零碎的。针对这种情况，党和政府要通过各种渠道大力宣传新时代幸福观，并将其纳入学校教育，让其进教材、进课堂、进头脑。新时代幸福观是核心价值观的核心内容，也是党的初心和使命的集中体现，因此要将其纳入核心价值观建设和主题教育活动。

第二，为公众构建适合自己的幸福观提供指导。公众个人的幸福观不仅要正确，而且要完整。就今天而言，个人完整幸福观的内容实际是三个层次的有机统一：第一个层次是社会倡导的主流幸福观的内容，第二个层次是适用于所有个人的一般意义的幸福观的内容，第三个层次是每一个人的特殊的幸福观的内容。在通常的情况下，前两方面的一般意义的内容要通过第三方面特殊意义的内容来体现。也就是说，个人的幸福观要体现主流幸福观和一般意义的个人幸福观的精神和要求。任何一个人都不可能使自己的幸福观在内容上与社会倡导的主流幸福观完全同一，社会更不能要求个人做到这种同一。因此，社会一方面要鼓励将主流幸福观融入个人幸福观，另一方面要引导在此基础上构建适合自己的、具有自己个性特征的完整幸福观。

第三，发挥已经形成正确完整幸福观的典型人物的示范作用。我国历来重视典型引路和榜样的力量并且有丰富的经验，我们要利用这方面的优势，将典型扩大到个人幸福观方面。党和政府有关部门要积极且善于发现那些在日常生活中体现出具有正确而完整幸福观的典型人物，总结他们的经验，并通过各种途径推向社会，以典型为公众构建自己的幸福观提供引导。当然，在宣传典型人物的时候，不能人为拔高和过度包装，否则就会引起公众反感，甚至厌恶。

2. 追求全面而自由发展

如果我们不能将幸福理解为社会资源的占有或物质欲望的满足，那么，我们应当如何理解新时代的个人幸福呢？或者说，个人幸福的真实含义是什么？从新时代看，个人幸福就是个人的全面而自由发展。这种理解是与马克思恩格斯的理想相一致的，也体现了新时代幸福观的精神和要求。

按照马克思恩格斯的设想，共产主义社会是其社会成员普遍获得全面而自由发展的社会，作为共产主义初级阶段的社会主义社会，应当将马恩的这一理想作为其终极价值目标——人民幸福或生活美好的基本内涵。在当代社会条件下，全面而自由发展既意味着人的潜能得到尽可能充分的开发和发挥，也意味着生存需要、发展需要（特别是精神需要）和享受需要得到尽可能好的满足。根据这种理解，一个全面而自由发展的人能通过努力奋斗逐步使其人性闪耀善和美的光辉，人格完善而高尚，个性获得健康而丰富的发展，生活充满乐趣、充满创意和充满魅力。由于人的全面发展包含道德的完善，因而为了凸显其道德的意义，可以将全面而自由发展的人理解为道德之人、自由之人和全面发展之人，是三者的有机统一。显然，人的全面而自由发展状态就是人的幸福，即美好生活状态。这里所说的"生活"是作为一个整体的生活，涵括家庭生活、职业生活、个性生活、网络生活等生活的各个方面。

把幸福理解为作为整体的生活美好,是人类长期以来得到普遍认同的一种幸福观。中国古代的《尚书·洪范》中谈到人的幸福时,认为幸福就是享有"五福",包括长寿、富贵、健康安宁、敬修德性、老而善终等方面。这是把幸福理解为一种各方面都好的生活。古希腊的"幸福"一词是 eudaimonia,其意思与英文对应词 happiness 意指欲望的满足不同,它是指作为整体的生活的兴旺或繁荣。亚里士多德在肯定幸福在于"生活优裕和行为良好"的基础上提出,幸福在于外在的善、身体的善和灵魂的善的统一。不过,他强调作为灵魂善的德性是其中最重要的因素,认为幸福是"德性最完满的运用和实现活动"。

人的全面而自由发展,是马克思在继承人类优秀思想成果的基础上针对资本主义制度下人片面、畸形地生存提出的一种社会理想。它反对现代文明使人单向度、低层次地生存,反对人的生活过分物欲化、功利化、世俗化、市场化,反对人性的扭曲和异化,强调潜能的全面实现,个性的自由发挥,强调社会要把其成员的普遍幸福作为终极价值目标,并为这一目标的实现创造一切可能的条件。在当代,人民普遍幸福最重要、最基本的社会条件是国家富强和民族振兴。因此,将国家富强、民族振兴作为我国社会的终极价值目标,是人民普遍幸福的客观需要,也是社会主义的本质要求,体现了马克思主义中国化、时代化的突出特点。

把幸福理解为全面而自由发展或整体生活的美好,归根到底是人性和人的本性使然。人们对人性的看法见仁见智,但都会承认人性是多层次、多向度的潜在可能性有机统一的整体,而人的本性则是人性所共有的谋求生活得更好的要求。人性的潜在可能性包括潜在需要、潜在能量、潜在能力,以及潜在能力积累的成果(知识)和形成的定式（观念、品质等）等方面。仅就潜在需要而言，就涉及生存、发展和享受等不同层次和维度。人性的整体性、丰富性决定了人生的整体性、丰富性。我们经常谈自我实现，真正的自我实现就是凭借谋求生活得更好的本性把人性的丰富性充分地实现出来。丰富的人性可能性实现出来了，那就是幸福，就是马克思所说的人的全面而自由发展，而实现的过程就是在幸福之路上不断前行。

  通过反思和回味，一个人会由对自己全面而自由发展的状态感到满意产生愉悦感。这种愉悦感就是我们经常说的幸福感，它是由成就感、获得感、和谐感等形成的整体美好感受。在主观感受上，幸福和快乐都是愉悦感，但幸福是由人的根本的总体的需要得到满足、对人的作为整体的生活美好感到满意产生的愉悦感，而快乐则是人的各种具体的、个别的欲望获得满足产生的愉悦感。幸福不同于快乐。无论在人类思想史上还是在现实生活中，不少人将幸福与快乐混淆，以为快乐就是幸福，这也是当前我国物质享受幸福观流行的观念原因。快乐对于人的生活十分重要，但人要活得快乐，也要"活得高尚、活得正当"（苏格拉底语）。

  既然幸福在于个人的全面而自由发展，我们每一个想获得幸福的人就要努力追求自己的全面而自由发展。

  首先，把全面而自由发展作为人生的终极目的，而不迷恋于那点可怜的感性欲望满足。当代英国伦理学家朱丽娅·安那斯指出："幸福是生活中最好的东西，是我们的善中的最善。"要获得自己生活整体上的美好，必须将这种作为至善的幸福作为终极目的追求。这种目的是目的本身，其他一切目的都是实现它的手段，而不是相反。人生来就会追求欲望的满足，而且满足欲望的多寡决定着人生丰富与否，因而幸福不排斥对欲望满足或快乐的追求，相反以快乐的获得丰富其内容。但是，要将对快乐的追求作为整体生活繁荣的部分或有益补充，而不能取而代之成了目的本身。

其次，使资源的占有服从于、服务于幸福，而不让自己成为外物及其占有欲的奴隶。幸福需要一定的客观条件，包括占有适度的社会资源，但这绝不意味着占有得越多越幸福。这就是亚里士多德所强调的："应该为了灵魂而借助外物，不要为了外物竟然使自己的灵魂处于屈从的地位。"在物质需要得到适度满足的情况下，要追求精神需要的满足，使人性的潜能得到尽可能充分的发展，切忌将人生的目光始终聚集于占有，任由贪欲恶性膨胀，否则人生必然发生异化。

再次，凭借自己的努力、通过贡献他者（包括他人和社群）实现自我和获得幸福，而不是通过对他者的索取甚至损害获得幸福。不断努力奋斗才会获得自我实现，从而获得幸福。人是政治动物，社会性是人的本质属性。人需要他者，既要有父母妻儿，也要有朋友路人，还得有单位、社区、国家乃至人类。幸福包含了这一切，也体现在对它们的贡献之中。这就是《周易》所倡导的"君子以自强不息""君子以厚德载物"。由此看来，那些"啃老""傍大款"的人不可能获得真正的幸福，而那些唯利是图、不择手段的人则不仅不能获得幸福，相反会给幸福造成损害，以至丧失幸福。

最后，不断通过伦理反思和人格修养提升人生境界，而不满足于现状、停滞不前。苏格拉底说："未经省察的人生是没有价值的。"一个人要真正获得幸福，需要反思和审视自己的人生，思考"我应该过什么样的生活""我应该成为什么样的人"的问题（"苏格拉底之问"）。这种对人生的伦理反思是获得幸福的入口。在这种反思的基础上，还要不断加强自己的品德和人格修养，努力提升人生境界，从而使自己的人生和幸福层次更高、格调更美、丰度和深度不断扩展，达到真善美的完满一体。《大学》要求"自天子以至于庶人,壹是皆以修身为本",其真义也许就在于此。

3. 幸福、完善与享受

幸福实际上是指人的根本的和总体的需要(亦即人的生存的、发展和享受的需要)得到满足所产生的愉悦状态。其中满足根本的或生存的需要是前提,满足总体的或发展的需要是关键。人的总体的或发展的需要根源于人具有无限发展的潜力和可能性,满足人的总体的或发展的需要,就是实现人的潜力和可能性,就是人的自我完善。因此,人的完善是人的幸福的终极指向。不过,我们不能把幸福等同于完善,完善是一种理想的幸福生活状态,但不是唯一的幸福生活状态。幸福作为人的根本的总体的需要得到某种程度的满足所产生的愉悦状态,也就是在完善的过程中所获得的享受,它存在于追求享受和追求完善的有机统一之中。幸福不是一种终极状态,它就是日常生活中的享受。与其他享受不同的地方只在于,它是以完善为指向,有助于完善实现的享受。

在人类思想史上有许多学派和学者把完善作为人生的追求目标,但其中有不少学派和学者却把完善与享受对立起来,似乎这两者是水火不相容的。享受是与欲望相联系的,享受就是欲望的满足。上述思想家之所以把完善和享受对立起来,褒扬完善而贬抑享受,就是因为他们认为作为享受基础的欲望是邪恶的。那么,人的欲望究竟是不是邪恶的呢?要回答这个问题,首先需要搞清楚到底什么是欲望。

人的欲望实际上是指基于人的生理和心理需要所产生的对需要对象的渴求,大致可划分为两种类型:一是基于生理需要的生理性欲望,如食欲和性欲;一是基于心理需要的心理性欲望,如色欲、名欲、利欲、权欲等。第二类欲望更具主观色彩,它们是派生的,一般是人类所特有的。这类欲望无限多，并且随着社会的发展会变得越来越多。人的本能体现为或者不如说发展为欲望，这正是人类文明进化的结果，是人不同于动物的根本性的标志。从这个意义上看，欲望是生物进化的表现，它不是消极的，而是积极的。从人的欲望本身来看，它是自然的，无论任何人都不可避免地产生；它是中性的，无所谓是非善恶美丑。应该作道德评价的不是欲望本身，而是另外两个方面：一是欲望是否应该满足，二是欲望应该如何满足。

不仅欲望本身是中性的，无所谓善恶与正当不正当，而且不论是对于个人还是对于社会，一般来说，有欲望比没有欲望好，欲望强烈比欲望平淡好。对个人而言，一个人在没有任何兴趣欲望的时候，绝对不是人生中最好的时候，相反，肯定是人生中最灰暗的时候。这对于个人享受人生是这样，对于个人发展人生、发展自我则更是这样。如果一个人没有追求事业成功的强烈欲望，对待工作得过且过、无所用心，他是绝不可能在事业上取得真正成功的。在这里像在其他方面一样，有欲望不一定能成功，但没有欲望绝不可能成功。对社会而言，欲望对社会发展和文明进步的意义更是显而易见。从一定意义上说，人类社会的发展是一个以产生欲望到满足欲望，再到产生新欲望的螺旋式展开的无限延伸的过程。

由此看来，欲望不是邪恶的，而是自然的、中性的，不是多余的、消极的，而是必要的、积极的，是人生中不可缺少的部分。欲望只有在不断满足的过程中，才会不断产生新的欲望，这样才会构成活生生的现实生活和充满生机活力的人生。也只有在这种"欲望—满足—欲望"的无限过程中，人生才逐步走向完满。从这种意义上看，人生的完善或人的自我实现，就是由一个个欲望的满足构成的一个整体，它不仅不排斥享受，反而要以享受作为它的基础，作为它的内容。一个没有欲望的人生、一个没有欲望满足的人生、一个没有任何享受的人生，肯定不叫人生，更谈不上是完善的人生。因此，那种企图通过弘扬过时的禁欲主义来克服现代社会出现的各种问题的努力，不仅是徒劳的，而且是有害的，最终只会妨碍人的自我实现和自我完善，妨碍社会的进步和发展。

有没有完善作为人生追求之所以会引出很不相同的人生，其原因就在于，完善虽然是抽象的、总体的，不可能在现实生活中完全实现，但它对人生有一种规范和导向作用。当一个人形成了完善的观念并使之成为追求的目标之后，这种完善的观念就会作为思维定式对人的意识和行为发生作用。它会鼓励那些与完善相一致的欲望的产生，抑制那些与完善不一致的欲望的产生；它会在所出现的欲望中选择那些与完善相一致的欲望作为追求的目标；它会使人对那些与完善相一致的欲望的满足感到快乐或享受。长此以往，完善观念和追求完善的志向就会作用于人的整个身心结构，作用于人的意识和行为，有可能使一个人的生活围绕完善的观念，朝着完善的目标形成一个不断向前推进、外延不断扩大、内涵不断加深的有机整体。

在享受与完善的关系上，我们既要反对传统社会倡导的那种追求完善而否定享受的人生价值导向，也要克服现代社会流行的那种沉溺于享受而忽视完善的人生价值取向，把追求享受与追求完善真正有机地结合起来。这就要求我们既要在追求完善中追求享受，又要在追求享受中追求完善。在追求完善中追求享受，就是要把完善作为我们一切欲望、追求和满足的指向和目标。以完善为尺度衡量和选择我们的欲望，并努力满足这些欲望，把这样的满足作为享受。这样我们就不会被欲望牵着鼻子走，成为欲望的奴隶，相反能主宰欲望，成为欲望的主人。是要在追求享受的过程中来追求完善，即在追求一个个具体欲望的满足中来逐渐走向完善。

在追求完善中追求享受，在追求享受中追求完善，说到底，就是要把享受人生与完善人生结合起来。人生十分短暂，如果不在这短暂的时光充分享受人生的乐趣，那人活一辈子又有什么意义？人活在世界上当然不是为了受苦受难，而是为了享受幸福快乐。享受是与苦难对立的，而不是与劳动对立的。一个人完全可能既爱劳动，也爱享受，既有奉献精神，又有享受意识。特别是在现代社会条件下，人类生存状况大大改善，完全有条件使自己的欲望得到更充分的满足，有时间和精力去丰富人生、体验人生、玩味人生、享受人生。然而，享受人生有一个宽度和深度问题，这就是完善人生的问题。享受人生有两种不同的方式：一是在一种狭窄的范围、浅薄的层次上享受；二是在宽阔的范围、多级的层次上享受。前一种是缺失的享受，后一种是完善的享受。不言而喻，任何人都愿意选择完善的享受。追求完善的享受，就是追求完善的人生，就是幸福。

在追求享受中追求完善的过程，就是一个以完善为指向不断超越已有的享受，追求更多、更高层次享受的过程，这个过程也就是不断超越自我的过程，不断达到自我实现的过程。正是在这一过程中，人们才能真正地实现人生的幸福。

4. 确立现代禁忌观念

近一些年来，一些重大自然灾害接踵而来。1995 年开始在扎伊尔等国暴发流行、至今仍在非洲一些国家肆虐的埃博拉病毒，2002 年从广东暴发扩散至东南亚乃至全球的 SARS 病毒，2019 年美国暴发的致命乙型流感，2020 年肆虐全球的新冠肺炎，如此等等，给人类造成了难以估量的损失。这一次次重大祸患表明，大自然因人类破坏环境和虐待动物而愤怒，人类正在遭受大自然的报复。在这一次又一次报复面前，人类必须痛定思痛、幡然警醒，当务之急是要确立现代禁忌的观念。禁忌观念是敬畏伦理的基础，而敬畏伦理是人类的底线伦理，也是幸福的基本前提。

一般地说，"禁忌"是指被禁止或忌讳的言行。这里说的"被禁止"与"忌讳"并不是截然分离的，而是密切关联的。一种被基本生活共同体（氏族、部落、国家等）禁止的言行会逐渐转化为其成员自己忌讳的言行，久而久之，两者就很难分辨了，因而"禁忌"通常作为一个词来使用。在古代社会，禁忌属于风俗、习惯、道德的范畴，但两者并不等同。大致上说，禁忌是风俗、习惯、道德中的那些底线伦理，是共同体普遍认同的不可触犯的戒律，也可以说是共同体的消极防范措施。当共同体所禁止的言行转化为人们自己忌讳的言行时，禁忌就成了一种观念，人们坚定不移地相信不能触犯禁忌。有了禁忌观念，人们就会自然而然地不去触犯禁忌，并在此基础上对自己的任何触犯感到羞耻或犯罪感。正是这种耻感或罪感维持甚或强化了个人的禁忌观念。由此看来，外在的禁止和内在的忌讳良性互动是禁忌观念的本质特征。

自禁忌产生到它在近代开始退出历史舞台的大约十万年间，世界上各氏族、部落、民族、传统国家形成了许许多多彼此不尽相同的禁忌。除了世界各地比较普遍存在的图腾禁忌、神灵禁忌、自然禁忌、祖先禁忌之外，还有诸如出行禁忌、建房禁忌、婚嫁禁忌、生育禁忌、动物禁忌、鬼神禁忌、耕种渔猎禁忌，以及日常生活中的各种各样的具体禁忌。古代的禁忌是在科学和教育不发达的社会条件下形成的，其中不少包含迷信、无知甚至愚昧的内容，也有些在今天看来是错误的，甚至是荒谬的，所以随着现代科学的兴起和发达，不少禁忌自然消逝了。虽然如此，但古人给我们留下了一个极其重要的启示：对我们尚不能认识的事物先悬置起来，敬而远之或避而远之。古代人正是以这种极其谨慎的态度来维护人的生命安全，而不像现代人那样敢于冒险，无论对对象认识与否都可以无所顾忌地向它进军。

虽然古代的禁忌种类极其繁多，而且各氏族、部落、国家的禁忌有所不同，但总体上看，禁忌的事物或对象无非是两大类：一类是神圣的、非凡的或崇高的对象，比如图腾、神灵、祖先、权威特别是最高权威（国王或法律）、大自然、作为大自然本根的"道"，以及万物循道而生以达至繁荣昌盛之道的德，等等。这一类对象就是通常所说的敬畏对象，人们是因为崇拜或崇敬而畏惧并形成禁忌。另一类是危险的、不洁的对象，比如阎王、妖魔鬼怪、地狱、死人、乱伦等。这些对象是恓畏对象。"恓"的意思是害怕。对于恓畏的对象，人们因为害怕而畏惧并形成禁忌。在弗洛伊德看来，与图腾相关联的禁忌主要是对乱伦的禁忌，这种禁忌既是对不洁对象的禁忌，也是对危险对象的禁忌，因为当时人类已经发现血亲相合生出的孩子不健康。对阎王、妖魔鬼怪、死人的禁忌则是对危险对象的禁忌。在这两大类禁忌对象中，敬畏对象尤其受传统社会重视，孔子的"畏天命，畏大人，畏圣人之言"（《论语·季氏》），讲的都是敬畏对象。因此，禁忌在古代常常与敬畏相关联。对于敬畏的对象，共同体（可能是社会，也可能是宗教之类的组织）禁止人们亵渎、污损、破坏它，个人因为共同体的禁止而对所禁对象感到忌讳，从而形成敬畏和禁忌观念。

今天我们要重新确立禁忌观念并不是要把古代社会的禁忌不加分别地加以传承和弘扬，而是要根据当代人类生命安全的实际需要明确哪些事物是当代人类应该禁忌的对象，对这些禁忌对象确定哪些禁忌。从人类禁忌的历史看，不同时代之所以有不同的禁忌内容，就是因为不同时代不同共同体更好生存的需要不同，今天确立禁忌观念必须考虑全球化、市场化和科技化时代整个人类更好生存的需要。对于人类的生命安全来说，今天的禁忌对象也无非就是敬畏对象和惧畏对象这两大类，但今天禁忌的具体对象和内容与古代有着很大的不同。

就敬畏对象而言，当代主要有自然、神灵和祖先三种，对这三类对象都应有相应的禁忌。当代人类不可能形成对权威的敬畏，尤其是政治权威。因为今天人们普遍相信人民是真正的社会主人，是国家的最高权威，而社会成员是人民中的一员，因而人们不用对自己敬畏，也就无所谓对权威的禁忌。现代社会已无所谓圣人，虽有各方面的权威，但人们一般只需敬重他们，不会心存畏惧。但是，自然、神灵和祖先仍然应该成为今天人们敬畏的对象。自然对于人类的重要性相信任何人也不会否定，而自然是广袤无垠、奥妙无穷的，对它的任何虐待、破坏行为都必遭报复。因此必须确立对它的禁忌，尤其要把不得猎捕、销售和食用野生动物作为首要禁忌。古代人敬畏的神灵大多已经证明是迷信，但今天宗教中还有神灵存在。对于不同宗教的神灵，人们可以不崇拜，但应有所敬畏和忌讳。即便无神论者，也不可随意亵渎或污损各宗教的神灵。一代又一代的人类都是父母生育的，那些已经过世的前辈都是人类的祖先。虽然不同人的近祖不尽相同，但越是久远的祖先越有可能是人类的远祖，而早期智人是今天人类的共同祖先。尊祖敬祖不仅是中国的文化传统，也是其他民族的文化传统，古埃及制作木乃伊实际上就是一种尊祖敬祖的方式。无论祖先能否庇佑我们，仅就他们赋予我们生命、让人类代代相传而言，我们也要敬畏他们，忌讳造次。

就惧畏对象而言，当代也有危险事物和不洁事物两个子类，危险事物是指会对人类整体造成伤害的事物，而不洁事物主要是会对人类个体造成伤害的事物。

当代可以作为惧畏对象的危险事物很多，但其中有几种特别值得重视：一是战争。无论什么样的战争不仅对交战双方会造成重大伤害，而且会伤及无辜和破坏环境，因而会伤害整个人类。因此，战争是当代人类必须作为禁忌的首要危险事物。二是恐怖主义。恐怖主义产生的原因很复杂，但恐怖组织因为某些特殊原因而反人类、反社会，造成人类的恐慌，因而必须禁忌。三是干预人类自然生长和生活的各种科学研究。近一些年来，一些科学组织和科学家受名利的驱使而胆大妄为，进行克隆人、婴儿基因编码、仿真类人机器人、联合国明令禁止使用的武器（贫铀弹、热压弹、白磷弹、高爆霰弹和达姆弹）等的研究。这些科研必定会对人类造成根本性的伤害，因此必须列入禁忌的范围。除这几类主要的之外，还有对不可再生资源的过度开发、过度使用农药和化肥、过度包装等等都应纳入禁忌对象的范围。

对于人类不洁的事物在当代也很多，其中尤其值得注意的有：（1）毒品。毒品对个人、家庭和社会的危害是不言而喻的，它是个人禁忌的首要对象。（2）性乱。性乱包括不洁性生活、乱伦、性变态，它不仅会导致艾滋病、性病等疾病，而且有伤社会风化。（3）谣言。无论是制造谣言还是传播谣言，都会导致社会混乱甚至恐慌，属于禁忌中最不洁的言论。（4）不讲卫生。在人际交往极其频繁的当代，不讲卫生已经不仅仅对个人健康有害，而且还会传播疾病，威胁公共卫生安全。广义的不洁还包括人的精神卫生和人格方面的问题，如贪婪、残酷、冷漠、变态、自残和自杀、家暴等等。所有这些问题虽然是个人问题，但都会给他人、家庭、国家乃至人类造成伤害。

确立现代禁忌观念，不仅要明确当代人类应有的禁忌，还要努力促使人们将这些禁忌内化为自己终生的底线生存观念,从而在内心深处对触犯禁忌感到羞耻或有罪。相对而言,在一定社会范围内甚至在世界范围内确立必须遵循的禁忌不是很难,但要将所确立的禁忌普遍转变为人们的生存观念却是难度很大的,也许要通过几代人的努力。废除人类的禁忌观念花了几百年,而要重建它也许要花更长的时间。但无论怎样,从人类走出生存困境和维护自身生命安全的需要看,这是一件事关千秋万代人类生存发展的大事,必须从现在做起、从我做起。

前文已指出,真正意义的禁忌并不等于一般意义的社会规范,它是外在的禁止与内在的忌讳之间的一致,也就是要从外在的禁止转化为内在的忌讳。实现这种转化的重要标志在于行为主体对触犯社会的所禁产生羞耻感或犯罪感。因此,培养对禁忌的耻感或罪感是让行为者形成禁忌观念的决定性环节。只有对犯禁有了耻感或罪感,行为主体才会自然而然地不去触犯禁忌。西方文化受基督教的影响重视人的罪感的培养,而中国文化则历来重视耻感,把耻感作为维护禁忌的主要内在控制机制。孔子说:"行己有耻,使于四方,不辱君命,可谓士矣。"(《论语·子路》)又说:"道之以政,齐之以刑,民免而无耻;道之以德,齐之以礼,有耻且格。"(《论语·为政》)这两句话充分表达了他对"耻"之于做人和治国的极端重要性。孟子讲得更直白:"人不可以无耻,无耻之耻,无耻矣。"(《孟子·尽心上》)这实际上是把缺乏耻感视作人生最大的羞耻。孟子之所以把羞耻看得如此之重,是因为他把"羞恶之心"视作"人皆有之"的本性之一(《孟子·告子上》),认为没有羞耻心,人就不是人。今天,我们确立现代禁忌观念就是要从培养和强化耻感入手,将幸福感牢牢地置于对犯忌感到羞耻的基础之上。

二、重人生成功

　　人生成功与人生幸福关系十分密切，在某种意义上甚至可以等同起来。但是，仔细分析起来，两者并不是完全相同的。幸福的人生肯定是成功的人生，但成功的人生并不一定就是幸福的人生。德国著名哲学家康德是一位伟人，但他终生未婚。他的后继者费希特针对他说："没有结婚的人只能算半个人。"如此说来，康德这位伟人算不上福人。当然，康德实际上只是事业成功，并不是整个人生成功。总体上看，人生成功是人生幸福的实质内容，真正的人生的成功再加上对成功的感受和享受，那就是幸福了。因此，走幸福之路的人，必须追求人生成功。在人生成功中，职业成功具有特殊意义，只有职业成功才能给人提供深度的幸福感。人生成功尤其是事业成是奋斗的结果，而且奋斗本身也能使人获得充实感和幸福感。

1. 成功的意义

　　一般地说，人的每一个目的的实现都是成功，但是只有终极目的的实现才是总体的成功、最大的成功。正是从这种意义上看，只有幸福的人生，才称得上成功的人生；也只有成功的人生，才会是幸福的人生。成功的人生，并不是生活中的每一个目的都得到完满的实现，而是那些终极目的得到了较好的实现。人一生中的目的无穷无尽，任何人都不可能实现他一生中的所有目的。不仅如此，任何人的终极目的也不可能都得到圆满的实现，成功的人生是终极目的得到较好实现并在继续追求中得到更好实现的人生。成功人生不是盖棺定论，而是一个过程，其前提是终极目的已经得到较好的实现，其内容是还在不断地追求终极目的的更好实现。如果一个人的生命没有终止，而他的追求停止了，那么即使他现在的人生是成功的，他未来的人生也肯定是不成功的，因为终极目的不仅是个人性的标准，同时也是社会性的标准，而社会是在不断前进的。

　　成功的人生虽然不是生活中的每一个目的都得到完满的实现，但必须是其中大多数目的特别是其中大多数基本目的得到了较好实现。如果一个人一生不断追求但成功甚少，我们不能说他的人生是成功的，相反应该说他的人生是失败的，因为要么他确立的目的不正确、不合理，要么他选择的手段不合理、不正当，要么他在失败后不接受教训。我们不能简单地用"幸福就在追求之中"的说法来安慰自己，这种说法的问题在于它忽视了目的的实现是人生幸福的必要条件这一重要事实。如果把这一说法改为"幸福在于成功，成功在于追求"也许更合适一些。一个人应该在每一个生活领域、在每一个目的实现的过程中都追求成功。但是，人的时间和精力有限，必须有所为、有所不为，有所大为、有所小为。有所为、有所大为的领域就是职业领域。在人一生的所有生活领域中，只有职业领域才有人作为的最大空间，因而也只有在职业领域人才能获得更大的成功。

　　人生幸福有广度和深度的区别。幸福的广度涉及个人生活的各个领域，也包括个人兴趣和爱好。在现代社会，一个人在个性、家庭、职业、社交、网络等各个领域都能过上好生活，他的幸福就达到了最大广度；一个人兴趣爱好越多，那种能令人自豪的兴趣爱好越多，他就会获得更多的生活乐趣，因而也更容易形成幸福感。幸福的深度则主要取决于职业生活。人们在职业生活领域取得成功或成就的情形差异特别大，而由成功或成就引起的成就感是所有幸福感中最有深度的因而也是最重要的幸福感，这种幸福感是决定幸福感深度的主要因素。幸福的广度与幸福的深度相比较，幸福的深度更重要，它是影响幸福质量的主要因素。

我们可以举一个例子对此加以说明。一个有成就的科学家可能不像一个普通人那样在生活的各个领域都比较令人满意，也没有他那样多的兴趣和爱好，并从中获得那么多的乐趣。就是说，科学家的幸福广度不如很多普通人，但如果他是成功的，那么他的幸福深度就是普通人不可比拟的，他的幸福也是更令人羡慕的。也可以这样说，一个普通人可以获得幸福，一个科学家也可以获得幸福，但两个人的幸福质量是相当不同的，不能相提并论。他们两人在幸福方面的差异就在于，科学家有巨大的成就感，而这种成就感是普通人不可能获得的。这一事例表明，现代幸福需要职业成功支撑，需要职业成功来使其达到更大的高度。因此，如果我们说我们应当追求幸福，那么我们也就要努力追求成功；我们要确立幸福观念，也就要确立成功观念。而且，人的其他幸福方面大多都是比较容易获得的，有的还可以借助外力加以实现。例如，一个人生活在优裕的家庭，他就有可能培养多种兴趣爱好，因而更有可能获得乐趣。但是，职业成功则主要靠自为性，只有通过自己的努力才能获得。

对于人生而言，成功也不是一次性的，一旦满足于已取得的成功，就不会再有新的成功了。从这个意义上看，成功在于不断追求，不断追求是成功的关键。我们要不断追求成功，就必须确立成功的观念。

首先，牢固树立追求成功的意识。要不断地追求成功，首要的条件是要有强烈的追求成功的意识。追求成功，不能是心血来潮，不能是感情冲动，只能是经过理智的思考后作出的抉择。作出抉择后，还要不断强化追求成功的意识，逐渐把追求成功作为人生信念，作为生活目的，作为生存需要。做任何事，处理任何问题，都要想到成功，都要力求成功，成功之后还要继续追求，使追求成功成为思维定式和行为习惯。只有这样，我们才会不断地追求成功，才有可能不断地获得成功。

其次，不断磨炼追求成功的意志。追求成功，不但需要无论何时何地何事都有追求成功的强烈意识，还需要百折不挠、坚忍不拔的追求成功的坚强意志，即所谓"不达目的誓不罢休"。中国有谚语说"不成功便成仁"，这话说得太绝对，但这种精神是可取的。追求成功就需要这股劲，就需要这种气魄。这种意志、这种精神、这种气魄像追求成功的意识一样，也不是一蹴而就的，它需要培养、需要磨炼。而这种培养和磨炼是一个艰难的过程，是一种痛苦的考验，是一种严峻的挑战。日本有一位创造了世界推销纪录二十年未被打破的著名人物，名叫原一平。他其貌不扬，小时候被称为无可救药的"小太保"，27岁时穷得吃不起中餐。然而他的内心时刻燃烧着一把"永不服输"的火，鼓舞着他那股越挫越勇的斗志。36岁时，他终于创下了全日本冠军的保险业绩，并连续二十年保持不败的纪录。他不但成为亿万富翁，更被誉为日本的"推销之神"。原一平成功的奥秘在于他的那把"永不服输"的火，而这把"火"是在艰苦的生活岁月中燃烧起来并越烧越旺的。

再次，努力提高取得成功所需要的素质。素质是追求成功者的综合性的内在条件，素质如何直接关系到能否获得成功，甚至还关系到是否把成功作为追求本身。人的素质是多方面的，如思维水平、知识基础、专业技能、身心状况、道德品质，等等。一个人整体的、综合的素质水平越高，他获得成功的机会越多。他不仅会面临更多的成功机会，而且能把握更多的成功机会。一个人的综合素质受社会环境的制约，在一个经济、政治、文化落后的国家，国民的整体素质必定低下。但是，在任何一个既定的社会，人们的综合素质总是有很大的差异。导致这种状况的原因很复杂，但有一点是可以肯定的，这就是：

自觉的修养锻炼是其中的重要原因之一。个人的自觉修养锻炼是提高综合素质的最有效途径。我们要不断追求和获得成功，就必须不断加强自我修养锻炼，努力提高自身的综合素质。

最后，脚踏实地地不懈奋斗。成功不是毛毛细雨，不会从天上掉下来，不断追求成功的关键在追求，在"追"、在"求"。强烈的意识、坚强的意志、良好的素质，这些都是十分必要和重要的，但这一切最后都必须落实到追求上，落实到作为上，落实到奋斗上。奋斗需要勤劳、刻苦，需要开拓、进取、创造，需要脚踏实地地一件事一件事做起。不断追求成功的过程，就是一个从不成功走向成功、从少量的成功走向大量的成功、从小的成功走向大的成功的无限延伸、无限扩展的过程。在这整个过程中，始终离不开奋斗。奋斗是成功之母，奋斗是成功之路，不断追求成功的过程就是不断奋斗的历程。

在不断追求成功的过程中难免出现挫折。挫折是走向成功的最大障碍，因而如何对待挫折，是每一位追求成功的勇士时刻可能会面临的难题。没有追求，就不会有挫折。要追求就会有挫折，最严重的挫折就是失败。一个人在一生的无数追求中，不可能一帆风顺，不可能没有挫折和失败。他所能做的不是完全避免挫折和失败，而是努力使挫折和失败减少到最低限度，尽量避免在重大的问题上、在终极目的的追求上失败。追求成功，必须正视失败。对此，我们应该有充分的思想准备。有了这种思想准备，我们在遇到挫折和失败时才不至于惊慌失措，悔恨交加，自暴自弃，怨天尤人。

但是，有了可能遇到挫折和失败的思想准备，并不等于就能从容面对挫折和失败。挫折和失败是令人痛心、令人痛苦的，它会使人感到沮丧、失意、压抑。要从容面对挫折和失败，绝非易事。胜不骄，败不馁，这不是说到就能做到的，这是一种境界，一种胸怀。达到这种境界和胸怀，需要健康的心理素质，需要良好的品质修养，需要一定的人生阅历。每一位有志于追求成功的人，必须努力达到这种境界，涵育这种胸怀，否则他的生活就会充满痛苦和煎熬，令人难以忍受。

有从容面对挫折和失败的胸怀，这是重要的，但是还不够。一位有志于成功的人，他还必须善于总结失败的教训，从失败引出成功，从失败走向成功。失败和挫折并非是完全消极的东西。"失败是成功之母。"这句俗语表达了深刻的人生哲理。一位聪明、明智的失败者，不仅能正视失败，而且会在失败面前进行冷静的反思、深刻的检讨、全面的总结；不仅力求避免重蹈覆辙，而且力求退一步进两步。因此，真正的成功者必定同时是一位聪明的失败者。

传统社会是一种求稳定的固态社会，在这种社会，不允许作为机器部件的社会成员普遍追求个人的成功，因为这样就可能引起社会的竞争；也不可能使每一个社会成员都追求成功，因为这种社会除了升官，人们没有别的机会，而升官可谓是千军万马抢过独木桥。因此，曾国藩的座右铭"不为圣贤，便为禽兽；莫问收获，但问耕耘"被奉为至理名言，社会不仅不鼓励人们追求成功，相反对那些所谓个人英雄主义进行残酷斗争，无情打击，以至于人们得出了这样的结论："人怕出名，猪怕壮"；"木秀于林，风必摧之"。在西方近代，由于市场经济利益最大化的驱动，加上海外冒险、海外掠夺和海外殖民的推动，西方人普遍形成了追求冒险、追求成功的观念。但是，他们所追求的成功主要是占有更多的财富，如果我们把幸福理解为占有财富和感官享受，他们的成功也有幸福的意味。然而，进入20世纪后，随着国家福利主义的兴起，西方人近代的那种成功观念在不断淡化，取而代之的是大多数人满足现状，不求进取。这是一种会令人类蜕化的富裕病，长此以往，西方文明会走向衰落。我国改革开放以来，特别是实行市场经济体制以来，传统的那种"知足常乐"观念从根本上得到了改变，求发展、求成功已经成为人们的共识。但是，也有相当一部分人在激烈的竞争面前放弃成功的追求，或者只是追求占有资源，而不追求职业成功和人性成功。因此，中国人在确立成功观念方面还有相当大的作为空间。

2. 成功的两个主要领域

成功是追求有所作为的结果。每个人追求有所作为的活动是各不相同的，也不可能完全相同。但是，有两个领域的活动的作为对于每一个人都是同样重要的，这就是职业活动领域和家庭活动领域。这两个领域活动的作为之所以对每一个人都重要，是因为这两方面的作为对人的整体生活、对人的幸福有着根本性影响。这两方面有大的作为就能为幸福打下基础和提供保障，使人的幸福成为可能。事业和家庭是人生的两大支柱，一个人在这两方面有大的作为，他的整个生活就支撑起来了，他就可能从容地对待生活。相反，如果一个人在这两方面无所作为，甚至搞得一团糟，他不可能有幸福的生活，甚至常常为痛苦所困扰。同时，这两方面有大的作为本身就是幸福的内容。事业成功所引起的成就感可以说是最高层次的幸福感；家庭和睦所引起的甜美感也是最重要的幸福感。这两种幸福感具有不可替补性。就是说，一个人在其他方面都感到幸福，都不能代替这两方面的幸福，不能补偿甚至缓解这两方面的不幸或痛苦。但是，这两种幸福可以代替其他方面的幸福，可以缓解以至补偿其他方面的不幸或痛苦。

世界上的职业千百种，人们从事的职业是各不相同的，而且一个人一生所从事的职业也可能不只是一种。那么，怎样才能在职业活动方面有作为或有大的作为呢？职业活动方面的作为就在于职业成功，职业活动方面取得大的成功就是在职业活动方面有大的作为。成功的标准就是有成就，因而是否有成就以及成就大小就是职业活动是否有作为以及作为大小的标准。职业活动是否成功或是否有成就，可以从两个维度考察：一是职业之间，一是职业内部。

从职业之间来看，人类所从事的职业并不是在同一个层面上的，而是有不同层次的。尽管不好准确地说出哪些职业层次高些，哪些职业层次低些，但职业之间存在着层次高低的区别是事实，而且也是不可避免和必要的。由于职业存在着巨大的层次差异，而且越是真正高层的职业越要通过作为或努力才能得到，因而所从事职业层次的高低是作为大小的首要标志，从事高层次的职业就标志着职业成功和职业成就。美国人推崇"白手起家的英雄"。这种所谓的英雄就是在职业方面的成功者，这种成功者不仅包括像林肯这样的总统、像洛克菲勒和福特这样的企业家，也包括从报童、卖破烂的小孩成长为教授、医生、律师等高层次职业的人士。显然，这里从事什么职业被看作是作为的标志，从事高层次的职业被看作是职业成功的标志。

然而，一个社会不可能让所有的人都去从事高层次的职业，也不是所有的人都能够去从事高层次的职业。从社会生活需要的角度看，各种职业都是需要的，也都是需要有人去做的，而且都存在着做得好与不好的问题。一个社会不能所有的人都去从事高层次的职业，从而取得这方面的职业成功或职业成就，但一个社会所有的人都能干好自己所从事的职业，无论所从事的职业层次是高还是低。这就是考察职业成功和职业成就的第二个维度：从每一种职业内部看，存在着作为的大小问题，存在着是否成功和是否有成就的问题。一个总统有可能是最蹩脚的总统，一个清洁工人有可能是最优秀的清洁工人。如果说从事什么职业更多地取决于外在因素的话，那么，对所从事的职业干得好不好则更多地取决于从业者本身。因此，生活在社会中的每一个有可能从事职业的人都能成功，都能取得职业成就。职业的成功和成就不是某些人的专利品，而是所有人都应该追求的目标。

每一个人都能够而且应该追求在职业活动方面有大的作为，都能够而且应该追求职业成功和职业成就。那么，人应该怎样去追求职业成功和职业成就呢？从一般的意义上看，应该努力增强敬业精神和责任意识，应该努力提高综合素质和专业能力，应该刻苦努力、积极进取、勇于开拓。其中最重要的是，把追求职业成功和职业成就作为人的使命，把取得职业成功和职业成就看作是自我实现的重要内容，把从事职业（无论什么）看作是干事业，干一行，爱一行，精一行，成一行。

过去从事职业只是为了谋生，为了养家糊口。因而，职业对于人来说是一种纯粹外在的东西，是人不得已而为之的事情。现在职业的这种意义越来越减弱，而职业的自我实现的意义和乐生的意义大大增强。在今天的社会，一个人不从事职业，也不一定会饿死冻死，但这样的人物质条件再好也不会真正幸福，因为他不可能有由事业成功引起的幸福感，而这种幸福感对于幸福是根本性的。从事职业以及取得职业成功和职业成就，至少不只是为了求生存，而是为了求发展、求享受、求幸福，是为了自我实现，是为了完成自己作为人的使命。这是一种观念问题，也是一种境界问题。只有当我们树立了这种观念、达到了这种境界，我们才能在今天的社会取得大的成功。如果从事职业只是为了混碗饭吃，只是为了求利求实惠，成天计较个人的利害得失，这种人不仅干不了大事，而且也干不了好事。

人们一般都认识到人生活在世界上应该在职业活动方面有所作为，尽管人们并不是始终如一地这样去做，但是在家庭生活方面，人们这种认识也许还比较缺乏。人们都希望有个家，也希望家庭幸福，然而人们很少考虑自己在家庭建设方面或自己在家庭活动方面可能有和应该有的作为，更少追求有大的作为。

在当代中国，这方面存在着许多问题。例如，有的孩子把家庭建设看作是父母的事，不主动地通过自己的作为增加或促进家庭的幸福；有的夫妻在结婚前积极有为，结婚后慢慢地变得消极无为，宁可将时间和精力用在争吵上，也不愿意在家庭建设上多一点作为；有的父母把孩子看作是自己理想的替身，为了孩子迷失了自己，葬送了婚姻；有的夫妻（特别是丈夫）把为家里赚钱看作是自己所能做的一切，并以此为由放弃或推卸自己对家庭的责任；夫妻双方把对方看作自己的专属品，只想占有，不愿呵护、关爱。所有这些问题大多是人们在家庭活动方面缺乏作为意识引起的。这些问题已经严重地威胁着家庭的存在，也严重地威胁着人生的幸福。

人应该有个家，幸福必须有家庭生活，但家庭如果大多是苦恼、麻烦的根源，人怎么可能有幸福？当今中国社会许多人感到不幸福，一个重要原因就在于家庭。问题的严重性告诉我们，必须重视人在家庭和睦方面可能有和应该有的作为。

与职业活动通常不得不从事不同，家庭活动则似乎是可从事或可不从事、可多从事或可少从事的。因此，要使家庭和睦，首先要乐于从事家庭活动。不用说儿童和老人几乎整天在家，即使是成年人一般也至少有四分之三的时间在家里。对于任何一个人，从事家庭活动的时间是没有问题的，问题是愿意不愿意把时间用在家庭活动方面。这里存在着两种重要障碍：一是缺乏对家庭活动意义的认识和自觉，不知道通过家庭活动可以使自己的生活更加美好；二是把家庭活动理解为干家务活。家庭活动包括通常所理解的买菜做饭洗衣等家务活，但范围要广得多，许多家庭活动是精神性、情感性的（如关心性的问候、爱抚活动等），而且有不少是人所乐意干的（如夫妻情感交流，家庭外出游玩等）。

要使家庭和睦，其次要精心经营。家庭就像一个企业、一个单位一样，需要经营，而要使家庭达到和睦的境地，就必须精心经营。所谓精心经营，包括周密设计、筹划，用心布置、安排，细心关爱、呵护。这里的一个障碍是，有人觉得家庭就是要放松，人本来就活得累，如果连家庭都要去精心经营，那人不是活得更累了吗？这种想法是不对的。一方面，家庭可以不去精心经营，但人将会失去本来用不了多少付出就可得到的东西，甚至还会因此陷入苦恼、麻烦或痛苦；另一方面，经营家庭的工作量是很有限的，并不需要很多的时间和精力。与其说需要出力，不如说需要用心。

3. 成功和幸福是奋斗出来的

一个人的人生是成功是失败、是福是祸主要取决于个人自己。幸福取决于成功，而成功取决于奋斗。传统幸福观认为，福也好，祸也好，都不是与生俱来的，而是"自求"的。《诗经》中提出，在不违背天命的前提下，一个人是可以通过自己的努力获得更多幸福的，即所谓"永言配命，自求多福"。换言之，一个人福的有无和多寡，主要是他自己谋求的结果，而不是任何外在力量所能完全决定的。

孟子在肯定这一观点的基础上进一步提出，一个人的祸也是他咎由自取的，即"祸福无不自己求之者"（《孟子·公孙丑上》）。《孟子》中两次引用《尚书·太甲》中"天作孽，犹可违；自作孽，不可活"这句话，就是要说明，不仅福是自求的，而且祸也是自求的。若一个人自己作孽糟践自己，那谁也拯救不了他。对于这个道理，孟子做了这样的阐释："夫人必自侮，然后人侮之；家必自毁，而后人毁之；国必自伐，而后人伐之。"（《孟子·离娄上》）唐代名相魏征也表达过相同的思想："祸福无门，唯人所召。"（《贞观政要·论慎终》）

这种传统幸福观念告诉我们,个人对自己生活的成功失败、福祸负有直接而主要的责任,个人不能因为生活艰难困苦怨天尤人,也不能指望外在的给予或施舍给自己带来真正的幸福。幸福之路只能自己走,不能由别人代替你走,而且只有不畏艰辛的人才能走向更美好的未来。用习近平的话说就是,"幸福都是奋斗出来的"[1]。

幸福不会从天降,幸福都由奋斗来。"奋斗创造历史,实干成就未来。"习近平主席在2018年新年贺词中提出了"幸福都是奋斗出来的",在2020年新年贺词中要求"只争朝夕,不负韶华",在2020年春节团拜会的讲话中又强调"时间不等人!历史不等人!时间属于奋进者!历史属于奋进者!为了实现中华民族伟大复兴的中国梦,我们必须同时间赛跑、同历史并进"。习近平的这些论断和要求深刻揭示了进入中国特色社会主义新时代实现中国人民美好幸福生活的根本路径,全国人民深受鼓舞和激励,对全面建成小康社会、把我国建设成社会主义现代化强国、实现中华民族伟大复兴充满信心和期待,在新的一年,满怀豪情踏上了创造自己幸福生活的新征程。

崇尚奋斗是中国文化的优秀传统。《周易·乾·象传》云:"天行健,君子以自强不息。"其本意为天道刚健,运行无忒,君子要效法天道,终生自勉前进,不停地发愤图强。《诗经》云:"永言配命,自求多福。"这里说的"求",用今天的话说,就是"奋斗",就是为了过上美好生活所作出的最大努力。在"自强不息"精神的激励下,中国民族形成了许多有关奋斗的理念。例如,"矢志不渝"。传统文化要求人应当有"三志":一是志向,二是志气,三是志趣。又如,"夙兴夜寐"。一个人只有勤奋努力才能自立自强,也只有将勤奋努力长

---

[1] 习近平:《2018年新年贺词》,新华网,2017年12月31日。

期坚持下去，一息尚存，奋斗不止，才能永远立于不败之地。还如，"穷则思变"。面对恶劣的自然环境和贫穷的社会处境，中华民族为了生存、自立、强大，逐渐形成一种与天奋斗、穷则思变的民族精神。还如，"锲而不舍"。在人生中，尤其在人追求自立自强的过程中，会遇到各种困难、障碍、阻力和挫折。在上述这些精神中，"夙兴夜寐"的勤劳精神，是最能体现中华民族个性的民族精神。这一精神的形成和世代传承，不仅因为中华文明是农耕文明，而且也与传统的天道观念有关。传统价值观相信"天道酬勤，力耕不欺"，认为一个人只要作出了努力，上天会按照他的付出给予相应的酬劳，而且多一分耕耘，会多一分收获。虽然世事难料，努力了不一定能成功，但不努力肯定不会成功，而且努力了一定会有所收获。

进入新时代，我国社会主要矛盾已经转化为人民日益增长的美好生活需要和不平衡不充分的发展之间的矛盾，更加突出的问题是发展不平衡不充分。为了解决这一问题，党的十九大报告提出了十四条基本方略和九条重大举措。这些基本方略和重大举措是我们党为实现中华民族伟大复兴、满足人民日益增长的美好生活需要提出的我国发展的路线图和建设的施工图。今天，蓝图已经绘就，现在需要的是全党和全国人民的不懈奋斗。所以习近平反复强调要奋斗。他说："人世间的一切幸福都需要靠辛勤的劳动来创造"[1]，"幸福都是奋斗出来的"[2]。"实现中国梦，创造全体人民更加美好的生活，任重而道远，

---

[1] 习近平：《人民对美好生活的向往，就是我们的奋斗目标》，《习近平谈治国理政》，外文出版社2014年版，第4页。
[2] 习近平：《2018年新年贺词》，新华网，2017年12月31日。

需要我们每一个人继续付出辛勤劳动和艰苦努力"[1]，需要"大家撸起袖子加油干"[2]。

为此，他提出，实现伟大梦想，必须进行伟大斗争，必须建设伟大工程，必须推进伟大事业。他告诫全党不负人民重托、无愧历史选择，在新时代中国特色社会主义的伟大实践中，以坚强领导和顽强奋斗，激励全体中华儿女不断奋进，凝聚起同心共筑中国梦的磅礴力量。他要求党和政府要随时随刻倾听人民呼声、回应人民期待，坚定信心，奋发有为，不断实现好、维护好、发展好最广大人民根本利益。"上下同欲者胜。"只有全国上下齐心不懈奋斗，美好蓝图才能变为现实。这就是习近平总书记所指出的："九层之台，起于累土。要把这个蓝图变为现实，必须不驰于空想、不骛于虚声，一步一个脚印，踏踏实实干好工作。"习近平指出，我们进入了全面建成小康社会、进而建设社会主义现代化强国新时代的决胜阶段，只有全国人民团结奋斗，全体中华儿女勠力同心，才能实现中华民族伟大复兴的中国梦，使中国人民过上美好生活。

在这里，奋斗、不懈奋斗，对于新时代实现民族梦想和个人梦想就具有决定性的意义。奋斗，才能创造物质财富和精神财富。财富越充盈，奋斗的条件就越好，幸福的起点和水准就越高。奋斗，才能提高奋斗者自身的综合素质和整体实力。综合素质越高，整体实力越强，奋斗的质量就越优、成效就越大，创造和享受幸福的能力就越强。奋斗，才能在创造生活的过程中感受幸福，增强成就感、尊严感、自豪感，

---

[1] 习近平：《在第十二届全国人民代表大会第一次会议上的讲话》，《习近平谈治国理政》，外文出版社2014年版，第41页。
[2] 习近平：《2017年新年贺词》，新华网，2016年12月31日。

而这些感受是幸福感之中的深度满足感。中国人民过上更加美好的生活是一个过程,中华民族伟大复兴也非一朝一夕,奋斗因而也必须是长期不懈的。就个人而言,奋斗要持续人一生工作的全过程。一个健康的人能够奋斗而不去努力奋斗,相反坐享其成,他是不会真正感到幸福的,至少其中缺乏成就感、尊严感。不懈奋斗、劳动创造、完善自我、享受生活可以说是幸福的基本要素。这些基本要素奠基于奋斗,孕育于奋斗,成就于奋斗。因此,一切成功、一切美好生活皆由奋斗来,奋斗是成功之母、幸福之母,甚至可以说,成功和幸福就在于奋斗。中华民族伟大复兴的"中国梦"、中国人民日益增长的美好生活需要都必须通过全党全国人民的不懈奋斗来实现。

奋斗的主体是人。人的观念、知识、能力、品质等人格因素是奋斗的前提条件。而这些人格因素本身又是在奋斗的实践中通过培育锻炼逐渐形成和不断完善的。因此,奋斗不仅仅在于创造劳动成果,还需要在劳动过程中不断提高自己的业务能力和综合素质,在为社会作贡献的过程中,不断完善自我,增强实力。新时代的奋斗,应该在辛勤劳动、务实肯干的过程中,不断涵育自己的品质和人格,追求创造劳动成果、提高综合素质、实现自我价值、升华人生境界之间的良性互动和有机统一。从这种意义上看,新时代的幸福包括奋斗过程,创造劳动成果的成就感、提升人格层次的自豪感,以及由两者产生的尊严感涵括于其中。

4. 不断超越自我

人生成功是不断奋斗的过程,这个过程也就是不断超越已经取得的成功追求更大的成功的过程,是不断奋斗的过程,也是不断超起自我的过程。

一个人在人生某一特定时刻取得的成功,特别是就整个人生而言取得的成功，意味着他在那个时刻成就的自我，而不满足于那个时刻的成功而追求新的或更大的成功则意味着超越此刻的自我。要不断地超越此刻的自我需要有超越的观念。就是说，一个有超越观念的人，当他取得了成功的时候，他不会满足已经取得的成功，而是把已经取得的成功当作新的起点，追求新的成功。这种新的成功可能是不同于已有领域取得的成功（假如已经取得的成功是职业方面的，他还会追求家庭方面的或个性方面的成功），也可以是在已经取得成功的领域追求更多、更大的成功。真正成功的人生实际上是一个不断超越成功、不断超越现实的自我的过程，这种超越是没有止境的，直到一个人没有能力再追求、再超越为止。

  不断超越已经取得的成功、不断超越自我是人自我实现和始终保持幸福状态的必然要求。人的自我实现实际上就是人性的实现，这种实现的结果是人不可预先知道的，只是到人临终才能有基本的结论。而且，最终实现到什么程度（包括范围和深度）不可能一次完成，而只能通过人的一次次的活动实现。一次活动的成功使人的实现再到一个新的层次，一生中所有的成功积累起来才构成了一个人最终自我实现的结果。假如一个人在某一时间达到了成功，并从此止步，那么他的自我实现也就终止了；假如一个人一生不断地追求，不断地超越已经取得的成功，他的自我实现显然要比到某一时刻止步的人充分，即使不是深度上的，也会是广度上的。

  一个人在某一时间自我实现了，他必定是幸福的，但这并不一定意味着他的自我实现已经完成，如果他还可以进一步自我实现而止步不前，除非他没有意识到这一点，否则，他此后就不再会感到幸福。真正的幸福不是终点，而是不断自我实现的过程，即使这个过程到后来没有以前那么轰轰烈烈、那么辉煌，它也是自我实现的过程。如果到了某一时间止步不前,那实际上意味着这一过程的中断。

必须不断超越自己这是人类最突出的特点,也是人的本性使然。假若我们承认我们所在的宇宙是由大爆炸产生的,从那时到地球的产生,再到生物的出现,而在所有的生物中只有人类能走到今天,成为宇宙之精华、万物之灵长,就是因为人类不满足现状,始终不渝地追求和不断超越自我。对于这一点,人类的先哲早已有了意识。意大利人文主义者米兰多拉认为,人与动物和精灵都不同,"人能够成为人希望成为的东西。动物出生时就永远具有它的一切。精灵从最初就是永远保存的东西。只是在人身上,圣父才播种能动的种子以及生命各个方面的萌芽。难道有谁不同意这种转化的能力?这种能力类似于变色龙和多变的海神"。德国哲学家和"狂飙运动"的精神领袖赫尔德认为,动物只是卑微的机器,而人则是自由创造活动的主体,是自主的机体。"人不再是自然手中驯服的机器,人自己成了自己行动的目标。"他指出,这正是人伟大的原因,也正是人危险的原因。"自然把理性和自由交付给地球上如此脆弱的有机物……使善恶、真伪的天平依赖于人自己:人应该选择。"人同时包括了完善和缺点的可能。除了人,没有任何东西能够决定人的道路是上升还是下降。先哲的这种看法得到了科学的支持。生物人类学认为,人在生物学意义上是"未完成的"或"未确定的"生物,正因为如此,人需要解释和确定自己,人需要通过活动完善和发展自己。

虽然人具有不断超越自己的本性,但这种本性是一种可能性。当人的这种本性得到一定程度的实现之后,人可能会停滞下来。一般来说,一个人出生之后是"未完成的",在经过一段时间的教育、学习和训练获得了基本生存能力后(这通常是在人成人之后),他就成了基本完成的,因而就可能不再超越了。人的这样一个超越过程对于任何一个人来说都存在，而且在任何一种社会形态都存在。因为如果人不能超越最初的未完成状态，他就无法生存下去，如果所有社会成员都如此，社会也就无法存在下去。

在自给自足的传统社会，社会的生产方式以及与之相适应的政治结构决定了大多数人到此就不再进一步追求，而满足于周而复始地过日子。这就是传统社会的那种"娃长大了为了放羊，放羊为了结婚，结婚为了生娃，娃长大了是为了放羊，放羊为了结婚……"自给自足的生活模式。生活在这种自给自足社会中的人在其一生中只有一次超越，即从未完成到初步完成的超越，而没有从初步完成到进一步完成直至无法进一步完成为止的超越。这种自给自足的生活模式是重复的，而不是朝未来开放的，不仅人长大后重复地放羊，而且一代又一代人都重复地放羊。

这种生活模式是建立在自然经济的基础之上的，当自然经济被市场经济所取代之后，人们的生活模式发生了根本性的变化。在市场经济社会，如果说人的初步完成是与自然经济社会大致相同的话，那么人在初步完成之后的情形就大不相同了。市场经济的竞争压力迫使人们不能停留于初步完成的状态，而要不断地进一步完成自己，也就是在完成了初次超越之后还必须不断地超越。一个最常见的例子是学习。在传统社会，人们的学习基本上是一次性的。一个人可以跟随父辈学习种田或打鱼，或者跟随师傅学艺，学习几年后就可以自己独立干活了。现代社会则不同，一个人在学校学习只是打基础，从学校出来后必须不断学习，这种学习是终生性的。生活在现代社会中的人之所以要如此不断地学习，不断地超越自己，是竞争使然。人与人之间的竞争迫使人们不能满足现状，而要不断超越自己，否则很快就会在竞争中失败。

以市场经济为基础的现代社会，为人们提供了不断超越自己的压力和条件，生活在现代社会中的人更充分地体现出人性的那种不断进取和超越的活性一面。但是，即使在市场经济社会，也并不是每一个人都确立了超越的观念。那些在竞争中屡次受阻或受挫的人，他们可能会停滞下来，放弃追求和超越。在生存有基本保障的西方福利国家，人们更有可能因竞争失败而满足于享受社会的生存保障。当然，即使在这样的国家，仍然有相当多的人由于种种原因而安于现状，不思进取。

我国处在社会转型时期，人们的生活方式纷纭杂呈，十分复杂。随着市场经济的发展，一些人受市场竞争压力的影响，再也不满足现状，而不断地积极进取。但是，我国的市场经济尚不完善，经济领域中有很大一部分国有经济并不完全受市场经济法则制约。工作在国有企业的人远远没有工作在民营企业中的人那样具有超越观念。除国有企业之外，还有大量的党政机关、事业单位和社会组织，工作在这些地方的人也有相当大的一部分缺乏超越意识，他们往往按部就班重复地工作着。应该肯定，超越观念今天已经进入中国人的头脑，但这种进入并不是普遍的，而且也扎根不深。因此，通过完善制度、体制和机制以及宣传教育增强人们的超越观念，仍然是当代中国思想解放和观念更新的重要任务。

三、修完善人格

人格完善是人生幸福的充分主观条件，而德性是人格的关键因素。人格完善实际上就是人的第一个层次的自我实现，而完善的人格得到充分发挥则是第二个层次的自我实现。这两个层次的自我实现构成了完整的人自我实现，也就是人现实的幸福生活。人格完善的实现是一个终身的过程，涉及诸多因素，但个人的德性修养具有决定性的意义。

1. 人格完善与自我实现

人格是人性的现实化，与人性存在着深刻的内在关联。人性是一个人的潜能或禀赋（或者说是一个人禀赋的潜能），是一个人的潜在自我。这种潜在自我的现实化，就是一个人的现实自我，现实自我就是一个人的人格。如果说人性是人之所以为人的潜在规定性，是由使人成为人的各种可能性构成的统一整体，那么可以说人格是人之所以为人的现实规定性，是使人成为人的各种现实性构成的统一整体。人格是人类的共同规定性与个人区别于任何其他人的独特自我规定性的统一。就其内涵而言，人格是以人性禀赋的潜质为基础，以满足更好生存的需要和欲望为旨归，通过人的认识、情感、意志和行为等各种活动造就并体现在这些活动中的具有一致性和稳定性的总体个性特征和完整精神面貌。一个人的人格是这个人不同于任何其他人的独特自我，这种自我是与环境交互作用的，表现为一个持续的社会化过程，体现为个人的综合素质，它决定着一个人的生活方式、命运乃至整个人生。

需要指出的是，自我实现实质上是人性的实现，在人性现实化的过程中，自为个体还有可能使人性得到超常的开发，使开发的人格得到超常的发挥。如果我们把人性视为自我，那么在人性现实化的过程中，人不仅能够实现自我，而且能够在一定程度上超越自我。或者说，人能够在实现自我的过程中超越自我。自我超越虽也属于自我实现，但却是自我实现的最高层次，是常人很难达到的，因而其意义重大而非凡。正是这种自我超越使一些人成为英雄、伟人、先知、圣贤。

在自我实现过程中的自主选择有多种可能性。就选择的取向而言，一个人可能朝着有利于自己更好生活的方向选择，也可能朝着不利于自己更好生存的方向选择。在正常情况下，人都会朝着有利于自己更好生活的方向选择。但是，人们在作这种选择的时候常常会发生偏颇，即为了一己更好地生活而妨碍或伤害他人、社会或环境。以这种有偏颇的取向作选择，往往最终伤害自己，使自己不能更好地生活。因此，真正以自己更好生存为取向作选择意味着实现个人利益与他人、社会、环境利益共进。

就选择的范围而言，有的人可能选择尽可能全面地实现自己的潜能，也有的人可能选择部分地实现自己的潜能。在这方面，不少人在选择实现自己的潜能的时候，往往"小富即安"，实现了自己足以生存下去的潜能即满足现状，不思进取。真正以自己更好生存为取向的选择是不断拓展，更全面地实现自己的潜能，使自己的人生丰富，这即是人的全面发展。

就选择的程度而言，人们可能选择深度地实现自己的潜能，也可能浅度地实现自己的潜能。有不少人在选择实现自己的潜能的时候，往往"浅尝辄止"。真正以自己更好生存为取向的选择是尽可能深度地或充分地实现自己的潜能，使自己的生存达到更高的水准，达到更高的境界。

就选择的质量而言，有的人可能选择优质地实现自己的潜能，而有的人选择劣质地实现自己的潜能，得过且过，不求最佳。一个人要生活得更好，就得选择优质地实现自己的潜能，使自己高质量地生活。

作出以上四个方面的选择，并使之付诸实施，其结果就形成了人的人格。人格作为自我实现的结果，首先是选择的结果，其次是根据选择塑造的结果。当一个人选择了以自己与他人、社会、环境利益共进互赢为取向，全面、充分、优质地实现自己的潜能后，努力使之付诸实施，一个人就会获得完善的人格。这一选择和实施的过程，就是人格完善的过程。人格完善实质上就是人性的完善实现，也就是人性得到了全面、充分、优质、道德的实现。

人格对于个人、对于人类的重要性是不言而喻的，然而，人生并非止于人格的获得。人格还是一种内在的东西，是一种内在的生活系统，它需要发挥出来才能成为见之于外的活生生的外显生活，而这种外显生活是人的外在标志。人格是内在的真实自我，人生则是外显的真实生活。我们把人格看作是人的现实规定性的结构系统，那么人生就是这种系统的功能，这种系统发挥功能的过程就是现实的人生。如果说人性的人格化是人的第一个层次的自我实现，那么人格的人生化则是人的第二个层次的自我实现。这两个层次是相互缠绕、密不可分的，成就人格与发挥人格实际上是同一个过程，只是在不同年龄阶段其重点有所不同而已。人格化和人生化都是人性的现实化，它们的统一是自我实现的完整过程。

个人是其人格的主体，也是其生活的主体。在社群状况良好的条件下，人格的功能能否充分发挥出来，取决于其主体的身体是否健康、精神是否处于激发状态、作为是否到位以及能否把握住重要机遇。

身体健康是人格发挥的基础和前提，即使一个人的人格完善，而他的身体发生意外（如遭遇突发事故使身体伤残，或者患上不能治愈的严重疾病），他的人格功能就可能完全不能发挥或不能充分发挥。因此，如何使身体始终保持健康状态，对于人格功能的充分发挥至关重要。身体健康的一个重要体现是人始终保持良好的精神状态。个人的精神状态也是人格能否得到充分发展的一个重要的前提性因素。

精神状态在中国传统文化中被视为"精气神"。根据道家的观点，精气神是人体生命活动的原动力和基本要素。自然界的运动变化离不开太阳、月亮和星星，人体生命离不开精气神。所以道家有"天有三宝日月星,地有三宝水火风,人有三宝精气神"之说。一般所说的精指的是人体的真阴或元阴,它不但具有生殖功能,能够促进人体的生长发育,而且能够抵抗外界各种不良因素的影响而免于发生疾病。道家把气看作是构成人体生命活动的基本物质。在道家看来,人体的呼吸吐纳、新陈代谢、营养流布、血液运行、津流濡润、抵御外邪等一切生命活动,无不依赖于气化功能来维持。道家认为,神的强弱兴衰对人体生命的存亡有直接影响。神散则生命枯萎,神衰则生命羸弱,神亡则生命死亡,所以养神乃养生之至要。"精气神"在今天看来就是人的精神的一种激发状态。一个人有"精气神",他的精神处于始终激发状态,他就会不断积极开拓进取,他对好生活的追求也就有了矢志不渝、百折不挠的强大动力。

个人的作为是人格功能发挥的关键性因素。人的作为体现为活动,作为实质上就是使活动有所作为。活动要有所作为涉及多种因素,从活动者本身来看,至少涉及活动目的是否正确、活动方式是否恰当、活动主体是否努力等方面。这些方面直接关系到活动的效果是否最优。[1] 活动效果达到了最优,对于人格功能的发挥来说作为就到位了。

机遇对于人生也是十分重要的,一个人生活在一个好时代和好社会,他就会比其他人拥有更多更好的机遇。但是,在相同的社会环境中,在机遇对于大家是公平的情况下,能否把握住机遇就取决于个人。一个人如果善于发现机遇并善于把握机遇,他就会为人格功能的发挥提供更多的资源和平台。一个人要成为善于发现和把握机遇的人,他必须是能够自助的,即能够自力更生。这即是所谓的"自助者,天助之"。这是因为自助者由于活动内涵丰富、活动外延宽广而更容易遇

---

[1] 参见江畅:《幸福与和谐》(第二版),科学出版社2016年版,第93页。

到机会，由于自强不息而使别人对他有信心从而愿意为他提供机会，由于有较强的实力和能力而更能抓住和把握机遇。因此，发现和把握机遇的问题实际上也是一个作为的问题。

从个人的角度看，人格功能的发挥直接取决于个人的作为，发现和把握人格得到更好发挥的机遇也取决于人的作为，甚至人的健康状况也在相当大的程度上取决于个人的作为。正是在这种意义上，人们常常把人看作是自己的作者。当然，人是自己的作者，并不仅仅指人是实现人格方面的作者，也指人是人格形成方面的作者。然而，我们在强调人是自己的作者时，也不能忘记人是环境的产物。对于环境人们有不尽相同的理解，从人格功能发挥的角度看，环境主要指社群环境，包括家庭、职场、基本共同体乃至世界。这几种环境对于人格功能的发挥都有重要影响，甚至有决定性的影响。

2. 人格完善的含义与特征

人格完善作为人性的完善实现，其内涵十分丰富，涉及不同的要素、层次和结构问题。从人类社会生活现实看，其中最重要的是人格要素是否健康、人格结构是否完整、人格性质是否道德、人格层次高低和人格是否具有鲜明的个性特色这五方面的问题。综合这些方面，人格完善具有人格健全、人格道德、人格高尚、人格个性化四个主要特征。

人格健全，主要指人格的各种构成要素及其结构是健康、完整、协调一致和前后一贯的，人格的各个要素没有缺损和障碍，不存在变形、扭曲、冲突、异化的情况。这样的人是全面完整的人，具有统一稳定的自我。一个知识贫乏的人就不能说他人格完善，一个心理变态的人也不能说他人格完善，一个有自私、贪婪、懒惰等恶性的人更不能说他人格完善。

人格健全的前提是具有自我同一性。自我同一性（ego-identity）

又称"自我认同","就是对自我的定义与确认,即个体对自己是谁,将来要成为什么样子,以及如何适应社会的知觉与感受"。它的形成既不在青春期开始,也不在青春期结束,而是一个逐渐的纵向发展过程。

自我同一性包括七个特征:(1)发生学特征,即自我同一性是儿童期的结果,涉及早期发展任务的成功与失败;(2)适应性特征,即它是自我对社会环境的适应性反应;(3)结构性特征,即它是由生物的、心理的和社会的三方面因素组成的统一体;(4)动力学特征,即同一性调节自我与客体、本我与超我,同一性的形成是一个主动的过程;(5)主观性特征,即它使人有一种自主的内在的一致和连续之感;(6)心理交互的特征,即相对于儿童期的依赖,出现了自我与环境的交互作用,发展了与他人的关系;(7)实体性的存在,即同一性提供给自我和世界以意义感。

"同一性的确立意味着个体对自身有了充分的了解和把握,能够将自我的过去、现在和将来组合成一个有机的整体,确定个人理想与价值观,并对未来发展做出自己的思考和选择。"但是,如果个体难以忍受这一探索过程的孤独状态,或者听任他人操纵自己的选择,或者回避矛盾,拖延决定,那么最终会造成同一性涣散(identity diffusion),即由没有形成清晰和牢固的自我同一性所导致的自我处于一种毫无布局的扩散、弥漫状态;或形成消极同一性,即所形成的同一性与社会要求相背离,成为社会不予承认、不能接纳的或反社会的角色。[1]

---

[1] 参见韩晓燕、朱晨海:《人类行为与社会环境》,格致出版社、上海人民出版社2009年版,第367—371页。也见约翰·W. 桑特洛克:《毕生发展》(第3版),桑标等译,上海人民出版社2009年版,第373页以后。

人格道德，主要是指人格在性质上是道德的，具在正确的价值取向，能服务于个人更好地生活，能妥善处理个人与他人、群体和环境的关系，实现两者的利益共进。人格道德首先体现为其中的品质是德性的。一个人只有品质是德性的，他的人格才会是道德的，相反一个人的品质是恶性的，他的人格就是不道德的。人格道德还体现为具有良心这种基本的道德情感以及其他道德情感，对人的所有活动道德情感都能发挥自我调控作用。人格的道德也体现为具有以社会道德要求为取向的意志控制机制，能在不同情境作出正确的行为选择，能确保行为在任何情况下都是正当的。

人格高尚，主要指人格整体上达到了较高的层次，有很强的自我调适能力、自我塑造能力和自我完善能力。作为人格完善的人格高尚，与通常意义上的人格高尚不完全相同。人们一般把人格高尚理解为德性高尚或有气节，这里所说的人格高尚是指人格的整体水平高，除了德性还包括观念、知识、能力等人格要素在较高层次上达到了协调一致。当然，德性在人格结构中具有更突出的地位，是人格高尚的主导方面。人格高尚的重要体现是具有智慧。人格高尚的人就是有智慧的人。

一个人具有健全的人格，他的人格就是正常的，而在此基础上具备了道德、高尚的特性，他的人格就是道德的、高尚的。但是，健全、道德、高尚的人格并不就是完善的，完善的人格还必须具备个性化的特征。由于每一个人的人性是不同的，因而每一个人的人格无论是否完善也是各不相同的。每一个人的人性本身就是个性化的，在进行人格塑造和追求人格健全、道德、高尚的过程中不是要消除这种个性化，而是要在塑造健全、道德和高尚人格的过程中使人格更具有个性特色。因此，个性化也是人格完善的一个重要特性，只有具有个性特色的健全、道德、高尚人格才是真正完善的。

人格个性化，主要指人格具有独特性或不可替代性。一般说来，人格总是共性与个性的统一，不同人的人格总有一些共同性，同时或多或少有些差异。这种差异不是人格个性化，人格的个性化不是自然形成的，而是通过自我塑造达到的。人格个性化所指的是每一个人应有自己不同于他人的独特人格，人格的共性寓于个性之中并通过丰富多彩的个性体现出来。

按照人格个性化的要求，人不应该追求统一或同一的人格，社会要防止所有人的人格趋同，防止使所有的个人统一于一个刻板的模式。人格的个性化是人性的自然倾向，也是人格健全和完善的条件和标志。压制人格个性化并不真能使人格整齐一致，相反会使人格发生各种问题。人类历史上和现实中这样的教训很多，很深刻。因此，我们不能企图通过教育等途径使各不相同的人性最后变成整齐划一的完善人格。如果社会将某种统一的完善人格标准作为全社会每一个成员追求的理想，这种理想最终只会落空。因为无论社会作出什么样的努力都不能使所有人的人性差异抹平，都不能使所有人塑造成相同的完善人格。海德格尔在批评现代文明对人产生的消极后果时指出，作为个人的"此在"在现代文明的消极影响下，出现了普遍"沉沦"的情况，导致人们追求没有个性、丧失自由的"常人"。由这种"常人"构成的社会是可怕的社会。要解决现代文明导致的问题，就是要使人们的人格个性化。

全面、充分、优质、道德、个性化地实现潜能是一个无止境的过程，永远不可能达到完全彻底，更不可能毕其功于一役。人格完善实际上是一种理想状态。任何一个人都不可能完全彻底地实现他的人性潜能，也不能完全彻底地达到人格完善。因此，人格完善常被看作是人格理想。虽然人只能接近而不能达到人格完善,但把人格完善作为人生理想来追求,能使自己的人生更丰富、更充实、更优质、更道德、更高尚,从而达到更高的境界。

追求理想人格的实现,不仅需要个人的学习、实践、涵养,而且需要良好的生存环境。特别是各种人格问题的克服需要相应的配套环境。例如,在拜金主义盛行的社会环境中,人格金钱化的弊端就很难克服。但是,个人追求人格完善的意识和意志,个人持续地学习、实践和锻炼即不断地进行人格修养,对于人格完善仍然具有关键性的意义。"出淤泥而不染"和"宁为玉碎,不为瓦全",是有力的证据。

3. 德性对于人格完善的意义

每一个人都在实现自己的人性,都在进行自我实现,但朝哪个方向实现、实现的程度如何却千差万别。有的人的人性朝着人格健全或完善的方向充分地实现,有的人的人性朝着人格健全或完善的方向不充分地实现,有的人的人性则朝着人格缺损的方向异常地实现。在人性充分实现的过程中,德性对于人性朝着人格完善的方向实现意义重大,具有决定性影响。

虽然人格的内在结构包括观念、知识、能力和品质四个要素,但品质要素绝不只是人格内在的要素之一,而是人格结构中的决定性因素,其善恶性质决定着人格的善恶性质。因此,品质是不是道德的(即德性的),是区别人格是否道德的主要根据。具有德性品质的人,他的人格就是道德的,而具有恶性品质的人,他的人格就是不道德的。

人格是道德的,并不意味着人格完善。人格完善包括其构成因素及其结构完善,人格完善意味着品质完善,完善的品质必定是德性的品质,而不会是恶性的品质,恶性的品质不存在完善问题。因此,品质完善与德性完善实质上是同义的。既然品质是人格的决定性因素,那么德性完善就是人格完善的决定性因素。一个人的其他人格要素无论多么完善，如果他的品质不完善，他的人格绝不能称为完善的。人格只有在品质完善或德性完善的前提下才谈得上完善。德性是否完善是人格是否完善的首要条件。

有了品质完善，人格其他方面不够完善但无明显缺陷的人，可以看作是人格完善的人，或者更准确地说是总体上人格完善的人。当然，对这种人格完善最好要加上必要的限定。一个人政治能力很强而德性完善，但知识、观念以及其他能力等方面不够完善，他可以被称为政治人格完善的人。同样，一个艺术造诣很深的艺术家，他虽然观念、知识、能力不很完善，他可以被看作是艺术人格完善的人。无论在何种情况下，人格完善都包含德性完善，那种能称得上人格完善的人（无论他哪方面的人格完善），都必须德性完善。德性完善不只是人格完善的首要条件，更是人格完善的核心内容。一个人的德性越完善，他的人格就越完善。德性完善就是从道德角度看的人格完善，完全意义的德性之人就是从道德角度看的人格完善之人或完善之人。从某种意义上可以说，德性完善与人格完善是一而二、二而一的。有学者认为一个人的德性状况就是这个人的道德人格，并将道德人格与人格等同起来，不加区别。[1]

德性完善对于人格完善具有极端重要性：首先，德性完善直接规定着人格的好坏性质，只有具有优秀的品质才有优秀的人格，品质有缺陷就不会有完善人格，品质有恶性则绝无完善人格可言。品质不好，人格中的其他因素再好，可能对人格具有者和其他人乃至社会是有害的。其次，在人格构成因素中只有品质这一构成因素能够较少地受外

---

[1] 参见唐凯麟：《伦理学》，高等教育出版社2001年版，第181—188页。

在因素影响而养成德性并达到完善。无论是观念、知识还是能力在很大程度上是受环境制约的，与禀赋状况特别是与接受教育的程度直接相关。一个接受教育很少的人很难有丰富的知识和很强的能力，但他们可以追求和达到德性完善。

不过，德性完善毕竟是从道德角度看的人格完善，并不意味着在完整意义上的人格完善。人的社会生活丰富多彩，可以划分为经济生活、政治生活、道德生活、文化生活、宗教生活等，人在这些领域活动都会呈现出不同的人格，人们可以从这些不同生活领域看人格，于是就有人的经济人格、政治人格、道德人格、文化人格、宗教人格等。从每一个视角看的人格都可以呈现为是否完善。德性完善是从道德的视角看一个人的品质所形成的结论。德性完善意味着一个人的品质完善，而品质是人格的构成要素之一，因而德性完善就是从道德的角度去看的人格完善。但是，从道德的视角看人格完善，并不意味着从其他视角看也人格完善。例如，许多德性完善的人是无神论者，他们没有宗教信仰，这些人在宗教徒眼里并不一定是人格完善的，因为从宗教的视角看，一个人格完善的人应该有宗教信仰。

以上这是从社会生活的不同领域看的。从人格要素的角度看人格会更合理，从观念、知识、能力和品质这四个方面看人格，就是观念人格、知识人格、能力人格和品质人格。德性完善就是品质人格完善，这种人格完善通常不能完全脱离观念人格、知识人格和能力人格。品质人格完善在整个完善人格结构中具有首要的地位，不能等同于其他方面人格的完善。一个德性完善的人并不意味着他的观念、知识和能力完善。现实生活中常常可以发现品质高尚而能力较弱的人。这样的人可以说德性人格比较完善，但能力人格谈不上完善，甚至还存在着缺陷。对于这样的人，不能认定他人格完善。

综合以上分析，在对人们的人格进行评价的时候，可以将单纯德性完善的人称为德性人格（或道德人格）完善的人，而将不仅德性完善而且其他某方面或更多方面完善的人看作是人格完善的人。例如，爱因斯坦是一位著名的科学家，同时他有很高尚的德性，因而他能被看作是一位人格完善的人，人们因此而称他为伟大的科学家。假如他只有科学上的成就，而品质不完善，他就不是一位人格完善的人，也不能冠之以伟大的科学家，而只能被称为杰出的科学家。

德性对于人格完善的意义不仅体现为德性是人格道德的决定性因素，德性完善是人格完善的首要条件和核心内容，更现实地体现为具有德性可以防止各种人格障碍的发生，也可以通过德性修养克服人格障碍。

人在人格形成发展的过程中常常会发生各种障碍，这就是人格障碍（personality disorder）。人格障碍的情形很复杂，可以从不同的角度进行划分。从行为特点的角度看，人格障碍有以下各种类型：偏执型、分裂型、分裂病型、戏剧化型、自爱恋型、反社会型、边缘型、回避型、依赖型、强迫型、被动攻击型等。所有这些人格障碍具有以下三个特征：有紊乱不定的心理特点和难以相处的人际关系；把所遇到的任何困难都归咎于命运或别人的错处，不能感觉到自己有缺点需要改正；自己对别人没有责任可言。人格障碍的行为问题有多种不同的程度。最轻者完全过着正常生活，只有与他紧密接近的人（亲属或同事）才会觉得他们无事生非，难以相处。最严重者事事都违抗社会习俗而且积极表现于外，很难适应正常的社会生活。[1]

从人格障碍的共同特征和各种表现看，虽然人格障碍都会在行

---

[1] 参见陈仲庚、张雨新：《人格心理学》，辽宁人民出版社1987年版，第418—423页。

为上有所表现，但深入观察就会发现，这些行为上的问题都是人的品质发生了问题。以最严重的人格障碍——反社会型人格障碍——为例。这种人格障碍的主要特征是常做出不符合社会要求的行为：妨碍公众，不负责；经常违法乱纪，行为冲动；缺乏羞耻心和罪责感；犯错后，无后悔的感觉，也不从中吸取经验教训，常把一切责任归罪于他人。如果一个人在品质自发形成阶段形成了德性的品质，特别是在德性养成和完善阶段注重德性修养并形成了完善德性，所有这些人格障碍问题就不会发生。一个德性之人，他不可能做出不符合社会要求的行为，即使由于行为情境的原因出现了行为偏差，一旦意识到也会及时纠正。因此，德性之人不会发生人格障碍。人格障碍的发生是与品质形成发生偏差直接相关的。人格障碍出现后很难纠正，需要通过多种途径才能发生作用，从根本上说，只有通过德性修养才能最终克服。人格障碍实质上是品质缺陷，克服这种缺陷离不开德性的养成和完善。

4. 追求更高的人生境界

人不能局限于物质欲望的满足或感官的快乐，不能醉心于功名利禄的占有，成为物质利益的奴隶，而要有所超越，有所提升。这是自古以来中外哲学家共同的结论和期待。

孔子把"仁"看作是人之所以为人的根本，以"仁"为人生理想。"仁"的含义很丰富，而其主旨不是占有财富，而是爱人，即以"孝"为前提的"泛爱众"，包括尊重人、同情人、关切人。显然这是一种不贪图利益的道德境界。古代希腊哲学家苏格拉底曾经针对当时的人们过于看重金钱和财富发出呼唤："不管男女老少，都不要只顾个人和财产,首先要关心改善自己的灵魂,这是更重要的事情。"[1]改善自己的灵魂就是要使其具有德性,而这是金钱所不能带来的,金钱并不能带来德性,德性却可以带来金钱,以及个人和国家的其他一切好事。当代法国哲学家萨特把自由看作人的存在本身并因而作为人生的最高追求,而自由就是要使人从现实世界的各种利益束缚中解脱出来。"所谓自由,首先就是要使自己的生存从万物中分离出来的那股力量,即那股要说一声'不'的不可克制的力量。"[2]

人为什么不能沉溺于物质的追求和感性的快乐?因为人不同于动物,人有理性、智慧以及与之相应的道德和人格追求。中国古代哲学家荀子说:"水火有气而无生,草木有生而无知,禽兽有知而无义;人有气、有生、有知亦且有义,故最为天下贵也。"(《荀子·王制》)如果人沉溺于物质欲望的满足,那就与动物禽兽无异。"[猪]在污泥中取乐"[3],如果人只满足于耳目感官之乐,那与动物又有什么两样呢?所以,在西方流行一句名言:"宁可做一个不满足的苏格拉底,也不做一头满足的猪。"就是说,也许哲学家苏格拉底一辈子没有获得满足,但他也比天天在污泥中取乐的猪活得有价值。

人原本是自然界的一部分,为什么要超越感性物质生活而追求更高的人生境界呢?这是因为人本质上不是既定的,而是未完成的,需要人通过运用自己所特有的智慧(包括理性)不断超越和完善自己。

---

[1] [古希腊]柏拉图:《苏格拉底的申辩》,见北京大学哲学系外国哲学史教研室编译:《西方哲学原著选读》(上卷),商务印书馆1981年版,第69页。
[2] 转引自黄颂杰、吴晓明、安延明:《萨特其人及其人学》,复旦大学出版社1986年版,第202页。
[3]《赫拉克利著作残篇》,北京大学哲学系外国哲学史教研室编译:《西方哲学原著选读》(上卷),商务印书馆1981年版,第24页。

早在古希腊时期,一些思想家就注意到人必须选择和决定自己的生活。在他们看来,人始终如"赫拉克勒斯站在十字路口"(普罗第库斯语),必须"选择"其生活模式(柏拉图语),并且"偏爱"更好的(亚里士多德语)。近代德国哲学家尼采把人看作是未限定的可塑性,认为人完全可能设定任何形式,并将这种形式赋予自己。"在人类身上,创造物和创造者是统一的。"人生存的模式是不确定的,每一模式"为了未来"都必须重新打破。人最大的危险是"过早停息"。

人超越感性物质生活的方向不能是感性物质生活本身,而只能是与人的智慧相宜的精神生活。德国哲学家康德在谈到大自然为什么要赋予人以理性时指出,如果大自然赋予人以理性是为了人的物质需要得到满足,那大自然就太笨了,因为只要有理性,人就不可能获得物质的满足;相反,如果没有理性,人就能像猪一样很容易获得满足。在他看来,大自然赋予人以理性是另有意义的,那就是意志自律,即自己给自己订立道德法则同时约束自己按这种道德法则行事。

虽然不同时代、不同国家、不同流派的哲学家对人生境界的看法众说纷纭,但他们都认同其中一些共同的内容,这些共同的东西正是需要我们特别重视的。首先,达到人生境界重要,追求境界提升的过程更重要。其次,把精神性的东西而非物质性的东西作为超越的追求目标和价值取向。再次,把个人的精神追求与社会的和谐发展联系起来。最后,追求人生境界的提升并不简单地否定物质欲望适度满足的必要性。

关于人生有在哪些层次的境界,思想家和学者有不同的看法。我国先秦儒家把人划分为小人、君子、贤人和圣人,后三者是理想人格,而圣人是理想人格的最高层次。19世纪丹麦哲学家克尔凯郭尔把人的存在划分审美、道德和宗教三个阶段或三种境界。国学大师王国维在《人间词话》中谈到过人生境界。他说:"古今之成大事业、大学问者,必经过三种之境界:'昨夜西风凋碧树。独上高楼,望尽天涯路'。此第一境也。'衣带渐宽终不悔,为伊消得人憔悴。'此第二境也。'众里寻他千百度,蓦然回首,那人却在,灯火阑珊处'。此第三境也。"

著名哲学家冯友兰提出了一种有影响人生境界论。他认为,人与其他动物的不同,在于人做某事时,他了解他在做什么,并且自觉他在做。正是这种"觉解",使他正在做的对于他有了意义。他做各种事,有各种意义,各种意义合成一个整体,就构成他的人生境界。不同的人可能做相同的事,但是各人的觉解程度不同,所做的事对于他们也就各有不同的意义。每个人各有自己的人生境界,与其他任何个人的都不完全相同。

他据此将各种不同的人生境界划分为四个从低到高的等级:自然境界,功利境界,道德境界,天地境界。处于自然境界的人做事,可能只是顺着他的本能或其社会风俗习惯,他所做的事对于他就没有意义,或很少意义。处于功利境界的人可能意识到他自己,为自己而做各种事,所以他做的各种事,对于他有功利的意义。达到道德境界的人会了解到人是社会的存在,他是社会的一员,为社会利益做各种事,他所做的各种事都有道德意义。一个人可能了解到超乎社会整体之上,还有一个更大的整体,即宇宙。他不仅是社会的一员,同时还是宇宙的一员。他是社会的公民,同时还是孟子所说的"天民"。这种觉解为他构成了最高的人生境界,即天地境界。冯先生认为,自然境界、功利境界的人,是人现在就是的人,道德境界、天地境界的人,是人应该成为的人。前两者是自然的产物,后两者是精神的创造。道德境界有道德价值,而天地境界有超道德的价值。

提升境界的一切努力和功夫最后都要落实在修养上。所谓修养，主要是指人们为了达到某种人生境界根据环境和主客观条件所进行的旨在提高自己的综合素质或某种素质的学习和实践活动，或者说，是人在理性指导下运用智慧进行的一种修身养性的涵育锻炼的自觉活动。修养的直接目的是提高综合素质或某种素质，而最终目的在于达到某种人生境界，它标志着人生的自觉。修养是学习和实践交融的活动，也是主客观因素相互作用的与时俱进过程。

修养是人提升人生境界的必由之路。孔子曾说他最忧虑的事情就是"德之不修，学之不讲，闻义不能徙，不善不能改"（《论语·述而》）。《大学》中把"诚意""正心""修身"提到"齐家""治国""平天下"的高度，并断定"自天子以至于庶人，壹是皆以修身为本"，认为"其本乱而末治者否"。修养是有意识的、能动的、积极的努力，是一种不断自我设计、自我规定、自我创造，同时又自我反思、自我批判、自我超越的自我实现过程、人格完善过程。这个过程也就是一个人成为主体的过程，成为你自己的过程。成为你自己，并不是成为你现在的样子，而是成为你可能成为的样子，成为你应该成为的样子，成为你努力追求的样子。换言之，成为你自己就是成功地实现自我，达到更圆满和更高层次的人生境界，获得完善的人格。

四、做智慧之人

人们为了获得幸福，必定会寻找各种通达幸福的道路。在林林总总的幸福之路上，有的是平坦的，有的是坎坷的；有的是径直的，有的是曲折的；有的是令人愉快的，有的是令人痛苦的；有的是可以达到幸福境界的，有的可能是南辕北辙的，甚至是死胡同。智慧，就是那让人通往幸福的平坦、径直、令人愉快之路。因此，走幸福之路必须做智慧之人。

1. 智慧的意蕴

在哲学界，许多哲学家对智慧的含义和本性作过规定。美国的一位哲学家对智慧的解释比较容易理解："一个有智慧的人不仅知道实在是什么，而且知道它能是什么。当一个人必须接受像他所发现的那样的世界时，他或她还能做另外两件事情：（1）区分世界的哪些方面更有价值；（2）以这样的方式行动：改进这个世界。哲学家的任务就是要阐明怎样做这两件事情。"[1]

概括地说，智慧是适应人更好生存需要形成的，观念正确、知识丰富、能力卓越和品质优良在经验基础上实现有机协调的，注重整体观照、恪守推己及人、践行中庸之道、既入世又出世的，明智审慎并重、使所有活动恰当合理的综合统一机能和活动调控机制。它是人特有的一种复杂机能，是人的灵性的集中体现，是理智的优化和最佳状态。

智慧并不是人类一开始就有的，而是随着人类的进化适应人类更好地生活的需要逐渐形成和增强的。从历史的角度看，智慧大致上到人类进入文明社会开始形成，在古希腊神话中就有智慧女神，这表明那时人们已经有了智慧的概念。但是，智慧并不是一成不变的，随着人类的进化，特别是人类教育科技文化的进步，人类的智慧不断地在向广度和深度方向发展。智慧之所以会随着人类的进化而不断增强，是因为智慧不仅是适应人类更好生活产生的，更是人类更好生活的内

---

[1] G. Runkle, *Theory and Practice: An Introduction to Philosophy*, New York: CBS College Publishing, 1985, p.208.

在机能和生活方式。今天，人类的智慧已经形成并对人类更好生存发挥着极其重要的作用。智慧作为人适应自己更好地生存所形成和发展起来的特有综合统一能力和调控机制，其使命是要使人能在艰难的生存竞争中有效地保护自己，丰富自己，发展自己，获得需要满足，实现自我价值。因此，智慧实质上就是生活智慧。

虽然每一个人都具有理智，都有智慧的潜能，但并不是每一个人的理智都转化成了智慧，并不是每一个人的智慧潜能都被开发了出来，更不是每一个人将它开发出来后就运用它。智慧的形成需要智慧修养，智慧的运用需要智慧意识。因此，虽然智慧是适应人更好生存形成的机能，但在不同的人那里差别却是很大的。

不少人将智慧等同于知识，这种看法局限非常大。不能否认，没有必要的知识，一般来说是不会有智慧的,在现代社会尤其如此。所以，一般可以说有智慧的人是有知识的人。但我们不能反过来说有知识的人就是有智慧的人。智慧是知识和能力在理性和经验基础上的有机综合统一，而这种统一是以正确观念为前提、以德性为要求的，因而是知识、能力、观念、德性四者协调一致的综合机能。具有这种机能的人就能生活得好，一个有智慧的人就是能生活得更好的人。不同的人，智慧的这四个方面的比重各不相同，于是个人智慧的质与量就有了差别。鉴于现代社会一般人都具有一定的知识和能力，人们要成为有智慧的人，最需要的是正确观念和优良品质。

智慧的观念、知识、能力和德性这些构成要素有机综合统一的基础是理性和经验。理性是智慧的能力基础，经验是智慧的生长基础。其中经验对于智慧的形成具有特殊的意义。经验像土壤，为智慧的生长提供平台和营养；经验又像一个熔炉，将正确的观念、丰富的知识、卓越的能力和优良的品质熔炼为一种综合的机能，而智慧的这四方面的构成要素也是在经验中生长起来和熔炼出来的。

智慧体现在人的活动全过程。人生是由活动构成的，包括认知与评价、判断与选择、构想与决策、动机与愿望、情感与意志、行为与反思，等等。智慧不只是体现在人的活动的某一个方面，而是体现在所有这些活动的全过程。

一个有智慧的人，具有较强的认知能力，善于发现真理；具有正确的评价能力，能对事物作出客观正确的评价；具有正确的判断和选择能力，能对事物和行为作出正确的判断并在此基础上作出正确的选择；具有较强的决策能力和构想能力，能作出正确决策，并善于根据决策制定恰当的活动方案；具有较强的行为实践能力和反思能力，善于将活动方案付诸实践并追求良好的效果，注重对自己的思想和行为进行反思，通过反思和自我批评不断修正错误，克服缺点和不足，使活动趋于完善；具有善良积极的动机和愿望，无损人利己、损公肥私的意图，注重个人与他人、组织的利益共进；具有健康的情感和坚强的意志，积极进取，勇于开拓并不屈不挠，不达目的不罢休。

当然，任何一个人都不可能在所有这些方面做到尽善尽美，但一个有智慧的人追求所有活动的完善，坚决杜绝那些有害于自己、他人、群体和环境的活动，对于各种活动中发生的问题及其导致的消极后果能及时有效地予以纠正。

智慧是具有实践意向的活动调控机制。智慧不是单纯的知识和能力，而是具有将知识、能力运用于实践的要求并对人的各种活动进行调控的自觉调控机制。尽管西方不少哲学家认为智慧有实践的方面，或者将智慧分为理论智慧和实践智慧，但一般都更强调智慧的实践意义或为好生活服务的意义。智慧的实践意向集中体现为它要求人们要明智与审慎并重，并根据这种要求对人的活动进行调控，具体体现在四个方面：

（1）注重整体观照，要求人们注重从根本上总体上认识和处理问题，要求人们在认识和处理各种问题时兼顾到各方面，立足于根本、着眼于总体认识和处理问题，切忌顾此失彼，抓住一点，不及其余；

（2）恪守推己及人，要求人们"己所不欲，勿施于人"，也就是时时事事处处想到别人也是人，也有与自己一样的自由、权利和追求，这一切都应该得到尊重，切忌强人所难，把自己不想要的、不想做的强加给别人；

（3）践行中庸之道，要求人们为人处事要遵循中庸原则，无过无不及，力求做到恰如其分，合情合理，切忌走极端，无所顾忌；

（4）既入世又出世，要求人们以积极的态度追求成功，为自己和所在集体（包括单位、国家等）谋求福利，同时又要求人们以超然的态度对待追求的结果，适度淡化对功名利禄的占有，切忌成为利益的奴隶，成为贪欲的奴隶。

这四个方面可以进一步概括为明智和审慎两个方面。明智就是要注重整体观照，恪守推己及人；审慎就是要践行中庸之道，既入世又出世。

智慧的实践意向所指向的是人更好生存。人活在世界上就是为了过上幸福生活，每一个人都追求幸福生活。那么，怎样才能过上幸福生活呢？智慧是过上幸福生活的最佳路径。智慧就是人类为实现幸福而准备的综合统一的机能和调控机制，它存在的根据和价值就在于为创造幸福生活的实践服务。人类之所以会在长期的进化过程中积淀了智慧的潜能，个人之所以会热爱智慧，开发智慧，通过修养获得智慧，就是因为智慧能为人更好地生活服务，使人走上幸福之路。智慧是人生的指南针、控制器。它给人认识、评价、选择、活动以正确方向，给人与环境（包括自然环境和社会环境）的关系、人自身内在的各种关系以恰当调节。

人的智慧只有一种，它作为一种综合机能体现在人的不同活动中。一个人的认知活动可以是有智慧的，一个人的评价活动可以是有智慧的，一个人的行为可以是有智慧的，而人活动的结果可以体现智慧，成为智慧的结晶。既然智慧体现在人生活的方方面面，因而可以从不同角度对智慧进行划分。例如，可以从个人活动的角度将智慧划分为认识的智慧、情感的智慧、意志的智慧、行为的智慧等；也可以从社会生活的角度将智慧划分为政治智慧、经济智慧、科学智慧、技术智慧、文化智慧、道德智慧、宗教智慧、军事智慧等。这些不同的智慧是人的智慧在个人不同活动中的运用和体现，也是人的智慧在不同的社会生活领域中的运用和体现。它们是同一种智慧的不同表现形式，具有共同的本质，尽管它们有不同的侧重和特点，但并不是完全彼此不同的。所有这些智慧的形式，大致上都可以划分为理论智慧和实践智慧两个层面。理论智慧更侧重揭示事物的本质和规律，提出和论证理论观点或理论体系，而实践智慧则更侧重于改进和创造世界，使生活变得更好。

2. 智慧与理性、理智的关系辨析

智慧与理性的关系十分复杂。在西方哲学史上，不少哲学家对这两个概念不加分别地使用。在古希腊早期，智慧作为一种德性，其含义比较丰富，不仅包含理论、理性的方面，也包含实践、非理性的方面。但是，自苏格拉底追求给事物下定义开始，后来的哲学家们一直都比较强调智慧的理性方面，甚至将智慧与理性等同起来。康德将亚里士多德的哲学智慧和实践智慧转变成了理论（思辨）理性和实践理性。亚里士多德虽然注意到智慧与理性之间的差异并赋予了实践智慧含义的丰富性，但所推崇的还是理性，特别是思辨的沉思活动。总的来看，

自苏格拉底一直到19世纪非理性主义哲学出现，西方哲学一直都推崇理性，并以理性取代智慧，即使是中世纪的经院哲学也追求对上帝存在等基督教义的理性论证。尼采对传统价值的重估揭开了对西方理性主义传统的反思和批判。但是，由于西方传统文化的广泛影响，直到今天，很多人都分不清理性与智慧。

理性有多重含义，但基本的含义是指人的一种通过判断、推论、概括、比较、构想等方式思考、理解、阐述的认识能力，其主要特点是思想。从广义上看，即从与直觉、情感、信仰等相比较看，理性包括思想，也包括康德所说的知性，甚至包括感性；从狭义上看，它不包括感性，是相对感性而言的，大致相当于智力。与我们所说的智慧相比较，两者之间存在着如下差异：

第一，理性是人的一种思想能力，而智慧是人的一个综合机能。理性是人的认识能力中的一种，即思想能力。除了理性之外，人还有其他认识能力，如感觉、直觉、灵感等。除了认识能力之外，人还有其他能力，如体力、欲望力、情感力、意志力等。智慧则是人的观念、知识、能力和德性有机综合统一的机能。除能力之外，智慧还包括正确的观念、丰富的知识和优良的品质。仅就能力而言，智慧除了思想能力之外，还包括感觉直觉、灵感、欲望、情感、意志等能力。理性是一个中性词，并不意味着思想能力强，而智慧是一个褒义词，意味着思想能力强，虽然每一个正常人都有理性，但并不是都有智慧的，只有那些思想能力较强的人才能说是有智慧的。理性不仅不包括直觉、灵感、欲望、情感、意志等能力，而且基本上是排斥它们的。人类历史事实已经表明，人越强调理性，理性越发达，人的直觉、灵感、欲望、情感、意志等能力越萎缩或扭曲。智慧则不同，它在注重人的理性的使用和发挥的同时也注重发挥人的非理性能力，不忽视人的欲望、情感、意志、感受，所追求的不只是合理，而且合情。有研究者指出，历史上的智慧学派一般都强调智慧是知识、理解、经验、谨慎和直觉理解等因素的不同结合，以及很好地应用这些因素解决难题的能力。

第二，理性所追求的是共性、普遍性、统一性，而智慧所追求的是合情合理性。理性的一个重要特点是要在个别中寻求一般，从特殊中寻求普遍，从多样性中寻求统一性，因此理性越发达，人们的生活越趋同，越统一，越扼杀个性，越排斥特殊性，越缺乏多样性，社会就会成为千人一面的社会，个人也会成为没有情感的纯理性动物。智慧则不同，它追求的是适宜性、合情合理性，容许多样性和个性。古希腊雅典城邦是一个推崇智慧的社会，那个社会丰富多彩，每一个人的个性都得到了较好的发挥，人们的幸福感也很强。而今天的现代文明社会则是一个推崇理性的社会，这种社会越来越单调统一，个性没有了，多样性没有了，个人成了社会这一大机器上的没有情感的部件，人们的幸福感也越来越差。

第三，理性的重要特点是注重局部精确和不懈追求，而智慧的特点是注重总体观照和适度满足。理性讲求统一性和精确性，因而有利于科学技术和生产力的发展，有利于全人类建立共同的标准和规范。这是理性的优点，但理性的这种特点运用到人的日常生活中，就有可能导致人们斤斤计较，争名于朝，夺利于市。理性的另一个特点，就是康德所说的追求"打破砂锅问到底"，这种精神对于推动科学技术和生产力发展是有利的，但运用到人们日常生活中，就有可能使人们始终不满足现状，追求占有更多社会紧缺资源，导致贪欲的产生。智慧则不同，它作为人的一种综合机能，要求人们注重从根本上总体上认识和处理问题，要求人们在认识和处理各种问题时兼顾到各方面，立足于根本、着眼于总体认识和处理问题，切忌顾此失彼。同时，构成它的德性要素要求人们追求适度满足，不能贪得无厌。当然，智慧本身包含理性，它并不排除理性在经济、科技、管理等领域追求精确和不满足现状，但反对将这种做法运用于个人生活的所有领域。

第四，理性在价值上是中性的，而智慧在价值上则是正面的。理性作为一种思想能力，每一个人都具备，而且不包含德性的要求。因此，一个人可以运用这种思想能力为人类造福，也可以运用这种能力去作恶。一个罪犯越有理性，他作案的水平就越高超，其破坏性越大，也越难侦破。智慧则是包含德性在其中的，一个有智慧的人是一个德性之人，他不会运用智慧去作恶，如果他去作恶，就不能说他有智慧。智慧与幸福、德性一样，是正面的价值，是人类追求的价值目标。一般来说，理性如果不置于智慧的范畴之内，就有可能发生问题。

理性与智慧都是适应人类更好生存需要形成和发展的能力，而且在人的智慧中，理性是最重要的能力，没有理性人类不会有如此发达的文明。但是，在人类发展的过程中，出现了过分重视理性而忽视人的其他能力和功能的问题，导致了许多文明病。今天我们强调智慧，就是要克服在对待理性上存在的偏颇，正确运用理性，将理性的运用纳入智慧的范围，从而使理性更好地为人类生存服务。

从汉语的角度看，理智与智慧都以理性为基础，而且其结构要素也是相同的，包括观念、知识、能力（包括智力、意志力等）、品质等主要方面，并且体现在人的认识、情感、意志的活动之中。它也是一种综合机能，但理智与智慧的区别在于，每一个正常的人都有理智，但并不是每一个正常的人都有智慧。从这种意义上看，智慧属于理智的范畴，但智慧是理智的一种特性或状态，从伦理学的意义上看，智慧是理智的最佳状态，是理智的优化。智慧与理智的关系，大致上相当于德性与品质的关系。[1] 两者之间的另一个差异在于，理智通过学习训练就可以获得，而智慧除此之外还需要自觉的修养。一个人只有通过有意识地进行涵养锻炼才可能获得智慧。

3. 智慧的意义

智慧的直接意义就在于它对于人生的意义，即它是实现幸福这一人类终极目的的最佳途径。美国伦理学家约翰·刻克斯指出："道德智慧的具有存在着程度问题：它越多使生活越好，而它越少使生活越坏。所以尽可能多地追求道德智慧是合情合理的。"[2]

智慧能为人生确定正确的终极目的，即幸福。人的活动都是有目的的，人的目的千差万别，但在所有的目的背后有一个对所有目的和追求具有制约作用的终极目的。对于这种终极目的，有的人意识到，有人没有意识到，意识到终极目的的人追求终极目的会更自觉。人们的终极目的各不相同，不少人把更多占有金钱、财富、权力、名誉等社会紧缺资源作为终极目的，也有人把尽情享受、及时行乐作为终极目的，还有人把职业上的成就作为终极目的。有智慧的人能在所有这些终极目的中发现哪种终极目的是正确的，是人应该选择的。从伦理学的角度看，只有幸福才是人的正确的终极目的，因为只有幸福生活才是好生活。然而，虽然有伦理学的定论，但由于种种复杂因素的影响，人们并非必定选择幸福作为生活的终极目的。只有有智慧的人，才会意识到幸福对于人生的意义，才会将幸福作为自己的人生终极追

---

[1] 顺便指出，我们不赞成柏拉图将智慧看作理性的德性（实即优秀），因为理性不包含意志力，而智慧是包含意志力的。

[2] John Kekes, *Moral Wisdom and Good Lives*, Ithaca and London: Cornell University Press, 1995, p.1.

求。因为"一个有智慧的人能辨别重要问题的核心"[1],在人生问题上他能把握什么是对人生最紧要的。

智慧能使人全面而深刻地把握好生活即幸福生活的真谛和要求。自古以来,人们对幸福生活的理解并不一致,存在着不少的偏差。一个有智慧的人的智慧本身是适应幸福生活的需要形成的,这样的人具有正确的观念、丰富的知识、卓越的能力和优良的品质,因而能正确理解什么是幸福生活,把握幸福的实质和各方面的要求。这样的人不会对幸福作片面的、肤浅的理解。这样的人不会把幸福理解为对资源的占有,因为资源的一定占有只是幸福的条件,占有再多资源也不意味着一个人幸福。这样的人也不会把幸福理解为具有德性,尽管德性既是幸福的条件也是幸福的内容,但德性并不等于幸福。对于这样的人而言,幸福意味着人的根本的总体的需要得到较好的满足,并有进一步满足的可能;幸福是一个理想,但这种理想对于人生具有根本性的导向和激励作用,人们在追求的过程中享受着幸福。因此,有智慧的人的幸福观是全面的、深刻的,不会抓住一点,不及其余,也不会浅尝辄止,满足现状。正是在这种意义上约翰·刻克斯把道德智慧看作是过好生活所需要的最重要德性。她说:"道德智慧是一种对于过好生活具有本质意义的德性。"[2]

智慧能使人在追求幸福的过程中处理好各方面的关系。人生面临诸多关系需要处理,如个人与组织的关系、个人与他人的关系、眼前与长远的关系、局部与全局的关系、理想与现实的关系、奋斗与享受

---

[1] "Wisdom", in *Wikipedia, the Free Encyclopedia*, http://en.wikipedia.org/wiki/Wisdom.
[2] John Kekes, *Moral Wisdom and Good Lives*, Ithaca and London: Cornell University Press, 1995, p.1.

的关系、物质需要满足与精神需要满足的关系等等。处理好这些关系，人才能获得幸福。智慧是一种综合协调的能力，也是一种综合协调的思维方式，它要求人们着眼于人生存和发展的根本的、总体的需要来对待和处理这些关系问题，整体观照，将所有这些关系问题纳入如何有利于幸福的实现来思考和解决。同时，"有智慧的人对他人是真诚和直率的"[1]，有智慧的人的德性也为他们处理好这些关系特别是人际关系问题奠定了良好基础。

追求智慧的过程与追求幸福的过程具有高度一致性。智慧是人的一种有机综合机能，这种机能并不是自发形成的，而是追求它才能形成的。每一个人都有智慧的因素（观念、知识、能力、德性），但一个人要成为有智慧的，必须将这些智慧的因素提升到一定的程度并综合协调统一起来。这是一个相当艰难的过程，需要修炼。智慧实际上是人获得幸福的能力，将智慧运用于现实生活，人就可以过上幸福生活。因此，获得智慧这种能力，就是获得幸福的能力，人们追求智慧的过程，也就是为幸福准备主观条件的过程，也就是追求幸福的过程，这两个过程是高度一致的，是同一过程的两个方面。人们幸福的程度是与其获得幸福的能力直接相关的，一个人越有智慧，他就越有可能过上幸福生活，生活的幸福广度和深度就越大。

智慧不只是对个人幸福具有重要意义，对于社会发展也具有重要意义。比如，建立以智慧为基础的文明可以从根本上克服以理性为基础的文明的弊端；可持续发展观需要运用智慧贯彻落实。追求智慧可以使社会更和谐美好，使地球更适合人居。而社会成员普遍追求智慧，

---

[1] "Wisdom", in *Wikipedia, the Free Encyclopedia*, http://en.wikipedia.org/wiki/Wisdom.

对于社会和谐美好至少具有三方面的意义：

一是每一个社会成员追求智慧，他们就不会只把对资源的占有作为追求目标，而会把适合自己个性的幸福生活作为追求目标。幸福的最重要特点就是不以占有资源为取向，而是以自由而全面发展为取向。幸福虽然可以成为社会普遍追求的目标，但幸福是一个抽象的概念，每一个人都可以也需要对它进行填充，因而不同的人有不同的幸福生活。在这种意义上，幸福事实上是一种多元的目标，如此社会就不会因为每一个成员普遍地追求有限的资源而产生争斗和祸患。这样的社会才有可能真正成为和谐美好的。

二是每一个社会成员追求智慧，他们就能处理好自己人生中的各种关系，特别是物质需要满足与精神需要满足的关系。"幸福不在于占有畜群，也不在于占有黄金"[1]，而在于对生活的满意感。这种满意感不是占有资源就能产生的，而要通过人的各方面的需要（包括物质的和精神的需要）综合协调的满足才能产生。智慧是正确认识和处理这种关系的唯一正确路径。有智慧的人不会因为别人比自己提升快而嫉妒、郁闷，更不会为了占有更多的资源去铤而走险。有智慧的人的生活是少有烦恼的，是从容自若的。如果一个社会的所有成员都追求智慧，心理正常的人就会越来越多。

三是每一个社会成员追求智慧，他们就会按智慧的思维方式行事，能处理好个人与他人、与组织的关系，形成和谐的人际环境。我们今天的社会矛盾和冲突的根源除了追求资源占有，就是人们缺乏宽容和信任。人们之间不宽容、缺乏信任感与利益冲突有关，也与人们的思维方式有关。以理性为思维方式更强调人的独立性和他人、组织的外

---

[1] 周辅成主编：《西方伦理学名著选辑》（上卷），商务印书馆 1964 年版，第 79 页。

在性、竞争性，而以智慧为思维方式更强调人的社群性和他人、组织的不可或缺性、协调性。当人们普遍将他人和组织真正看作自己的生存条件、真正意识到"人最需要的是人"（霍尔巴赫语）时，社会的人际关系环境就会从根本上得到改善。

智慧对于人类意义无比，但它不被人类重视。智慧是宝藏，需要挖掘；智慧是花朵，需要呵护；智慧是合金，需要冶炼。在当前这个智慧几近枯萎的时代，更需要激活并复兴智慧。

4. 转识成智与福慧双修

"转识成智"与"福慧双修"是传统智慧观中的两个重要观念，它们是告诉人们如何修养智慧并将修养德性和幸福有机结合起来，体现了传统智慧与修慧的丰富含义，值得今天弘扬光大。

通常认为，"转识成智"是一种佛教观念，特别是大乘佛教瑜伽行派和法相宗认同的一种修行观念，但这种观念在传统文化中有久远的思想渊源和深厚的观念基础。佛教传入中国后，这种观念因与此前传统智慧观念相契合并被佛教阐发和传播而成为传统价值观中一种得到相当普遍认同的价值观念。如果不考虑"转识成智"在佛教中的特殊宗教含义，那么我们可以把这种观念理解为要求人们通过修养使自己获得的各种具体知识和聪明才智（可视为日常生活中的小智慧）转化为对宇宙、社会和人生真谛的领悟（大智慧），并以这种大智慧不断完善自己的人格并提升自己的人生境界。因此，"转识成智"不仅是一种认识论观念，更是一种深刻的智慧观念，具有深刻的本体论意蕴。传统价值观认为，确立了这种观念，一个人就不会满足现状，而会关怀终极，追求人生的大彻大悟，以天人合一为最高目标。一个人实现了这种目标，在儒家看来就成了圣人，在道家看来就成了圣人、神人、至人，在佛家看来就会达到"无上正等正觉"（即彻悟一切宇宙之奥妙圆融圆通无滞无碍之觉）的境界。

在中国传统社会，思想家虽然很少使用"智慧"一词，但都重视对人生智慧的关注和思考，其智慧思想极其丰富。传统智慧观念特色鲜明，突出体现在认识和处理人与自然、人与人、人与自我的关系方面。儒、道、佛三家从不同角度对此进行了阐释，为传统智慧观念提供了一个完整的图景。儒家重入世，主张自强不息，刚健有为，厚德载物，修身成人，经邦济世，内圣外王，以天下为己任；道家重忘世，追求返璞归真，清静无为，精神超脱，安时处顺，以柔克刚，无为无不为；佛家重出世，强调万物皆空，排除烦恼，福慧双修，自度度人，愿行菩提心。儒、道、佛三家在智慧问题上有所差异，各有特色，又互补相融，共同凝练出传统智慧观念的人与自然和谐的价值取向，人对他人关爱的定位取舍，人之自我高尚境界的深邃追索。"以佛修心，以道养身，以儒治世"（南宋孝宗赵昚《原道论》），可以说是传统智慧观念的集中表达。

关注天人关系是传统智慧观念的显著特点。中国最古老典籍《易经》表达的就是对天人关系的关注，主张"顺乎天而应乎人"。传统天人和谐的智慧观念，既强调天地人的有机统一，也肯定人的特殊性，将人与天地的关系定位在一种积极的和谐关系上，既不主张回归自然，也不主张对自然的野蛮征服。它肯定天地之创造力和仁爱充塞宇宙，而人也应该像天地那样将仁爱的精神推广及于天下，泽及草木禽兽有生之物，达到天地万物一体的境界，天、地、人合德并进，圆融无间。

传统智慧观念关于人与人的关系有更丰富的思想和更卓越的建树。人不是孤零零地生存在世上的，而是跟他人一起生存在世上的社群之中。在对待人与人关系或者说自我与他者关系的问题上，传统社会各家的主张差别较大，但主导的智慧观念是儒家主张的"修己以敬","修己以安人","修己以安百姓"(《论语·宪问》)。孔子的意思是,人们要通过修养自己来使身边的人安乐,使所有的百姓安乐。儒家这方面的智慧极其丰富,其中特别值得注意的是仁爱与中和的思想。

传统智慧观念在处理人际关系上强调中和、和谐,"和"是基本原则,也是人际交往所追求的目的和效果。但是,这种"和"并不是"同"。和谐是有差异的、多样化的秩序,而不是同一的、清一色的秩序。因此,关于人际关系的传统智慧观念在"和"与"同"之间作出了区别。在孔子看来,这种区别是极其重要的原则性区别,所以他说"君子和而不同,小人同而不和"(《论语·子路》)。这里的"同"与"和"的区别在于,就两个人的主张而言,求同是一方放弃自己的主张附和另一方的主张,而求和则是一方在坚持自己的主张的前提下寻求与另一方的共识,使两种主张趋于完善而非完全同一。因此,"和而不同"否定随声附和、绝对盲从,强调事物多样性和个体独立主体性的意义。传统价值观还从本体论上为这种"和而不同"的观点提供了论证,提出了"和实生物,同则不继"的命题。其意思是说,不同事物之间实现了和谐,则万物即可生长发育繁荣;如果不同事物变成了完全相同、无任何差别的东西,那么事物就无法发展、无法继续存在下去。

在个人与自我的关系上,传统智慧观念也包含丰富的内容,但其根本点在于认为人是造就的结果,而造就者就是人自己。人不是自然生长的,而是教化和修身共同作用的结果,而与教化相比较,修身更为根本,因为教化需要通过修身更好地发挥作用。教化可以使人成为正常人,但要成为优秀者那就需要修养。所以传统价值观特别强调修身,这就是《大学》所要求的"自天子以至于庶人,壹是皆以修身为本"。传统智慧观念在个人与自我关系上所突出强调的是修身养性或修养身心。传统智慧观念并不要求人们成为不食人间烟火的神灵或神仙，而是较为注重人生的乐趣。传统智慧观念认为，修身养性也包括享受人生欢乐的情趣培养，只是这种欢乐不是由物质欲望获得尽情满足产生的，而是由精神追求得以实现或在不断追求更高人生境界的过程中获得的。

从传统智慧观念对智慧的理解可以看出，智慧的含义中包含实现"转识成智"路径的思想，这就是重视个人的道德修养。传统智慧观认为，"转识成智"的修养过程，并不是单一的智慧修养过程，而是"福慧双修"的过程。修福就是断恶修善，在断恶修善的过程中不执着就是修慧，而断恶修善也就是修德。因此，德与福是一致的，德福与智慧的一体的。由此看来，传统价值观所讲的修身虽然名义上重视的是德性，而实际上包含福和智在其中。儒家强调"修身为本"，实际上意味着德福智三修，由于德与福、智与慧是一体的，因而德福智三修也可以说是德智双修或福慧双修。

总之，传统的智慧观念是由德福一致、德包含智、智慧相通、福慧双修、转识成智五个紧密相关的基本观念构成的有机整体，而其关键是转识成智。这不仅是一种完整的智慧观念体系，而且具有鲜明的中国特色，它是传统价值观中宝贵的历史遗产和观念资源。现代社会，人们普遍重视物质欲望的满足，把幸福理解为资源占有和尽情享受，重视知识不重视智慧，技术理性、工具理性盛行，而道德理性、价值理性淡出。这种现代文明的物化之风导致了许多现代社会病，其中最为突出的表现是人们为了占有更多资源和尽情享受而疲于奔命，缺乏闲适时光和终极关怀，忽视修身养性和陶冶情趣，不追求人格完善和高尚境界，以及由此导致的精神空虚、情感冷漠、心理疾病流行。在这些严重的问题面前，重温、弘扬传统的"转识成智"和"福慧双修"观念对于克服现代社会人们只追求欲望满足而无视人生境界提升导致的种种人生问题和社会问题具有重要启示意义，值得大力弘扬和创新。

五、过优雅生活

在人类历史上，幸福观有种种不同的形态，就其主流形态而言，也有德性幸福观、利益幸福观、享乐幸福观三种形态。优雅幸福观是在克服这些幸福观的缺陷和局限的基础上提出的与新时代相适应的幸福观。优雅幸福观把优雅生活视为幸福的当代应有形态，主张当代人类应当选择优雅生活方式，过质量更高、品质更好的优雅生活。

1. 优雅生活：幸福的当代应有形态

在到目前为止的漫长人类历史上，人类的生活方式纷繁复杂，不过归结起来，先后经历了三种主要生活方式，即自然生活方式、奴役生活方式、自由生活方式。

我们可以把人类进入文明社会之前的时期看作是人类自然生活的时期。自然生活的人与动物没有什么两样，完全受缚于自然，是自然界的奴隶，他们只能满足于采集或狩猎到的可怜的食品，生活是没有着落的，生存缺乏起码的保障。显然，自然生活的方式是人类童年不得不接受的一种可怜的生活方式。这种生活方式是与人类不断谋求生活得更好的本性相违背的，因而必定为人类所否弃。

人类走出自然状态的途径是组成社会，但当人类一进入到社会状态就进入到了不平等地生活的状态，进入到了大多数人被强制性地接受统治和压迫的奴役生活的状态。奴役生活的生活方式不仅具有必然性，而且具有某种价值，或者更确切地说，是人类为了更好地生活所必须付出的代价。但是，奴役生活是建立在人类不平等基础上的一种少数人奴役多数人的生活方式。这种奴役不是自然的，而是人为的；这种奴役不是单方面的，而是多方面的，甚至是全方位的。于是，这种罪恶性的生活方式为一种新的生活方式即自由生活方式所取代。

自由生活方式是一种追求每一个人都能按照自己的意愿生活的生活方式。其最大的优越性在于，它通过人性和个性的解放和张扬使人成为社会、自然的主人，使人的潜能充分地释放并创造出巨大的物质财富和精神财富，使人的欲望不断地被开发并得到花样翻新的满足。但是，这种生活方式不是顺应人性，而是放纵人性，使人的贪欲恶性膨胀，而且由于不同的人按自己意愿行事的能力和环境相差很大而导致社会的贫富两极分化。人类应该自由生活，而不能奴役生活，这是不言而喻的，但人类也不能因此放纵人性而生活，而只能顺应人性而生活。顺应人性而生活就是要克服目前自由生活这种生活方式的放纵性以及由此派生的疯狂性，使之从放纵人性走向顺应人性，使之从疯狂生活走向优雅生活。这是今日人类更好地生活的必由之路，是人类应有的智慧选择。

众所周知，现代化深刻改变了西方社会并通过西方社会深刻改变了整个人类社会，使人类社会从贫穷落后的传统文明走向繁荣昌盛的现代文明，但它也存在着根本性的缺陷，这就是：过分刺激和鼓励对实利的自由追求，必然导致有限自然资源的迅速消耗乃至枯竭，必然导致为占有更多资源而引发的各种争斗乃至战争，从而必然导致人类整体面临日益严重的生存危机和人类个体面临日益严重的生存压力。这种根本性的缺陷已经导致了诸多使人类整体面临日益严重的生存危机和人类个体面临日益严重的生存压力的难题。既然这些难题的根源在于当代人类现代化这种生活方式，那么要使人类走出生存困境和减轻生存压力，就必须改变现代生活方式。这种现代生活方式不改变，当代人类面临的各种难题就不可能从根本上解决，相反人类会越来越为各种层出不穷的难题所困扰、所纠缠。

今天，我国正在致力于现代化建设。为避免重蹈覆辙，我国应该认真吸取发达国家现代化的经验和教训，在实现现代化的过程中，努力避免和克服现代文明的缺陷和弊端，在实现现代化的同时超越传统的现代化，使马克思的"人全面而自由发展"的社会理想变为现实。因此，走向优雅生活不仅具有某种必然性，而且对于人类的前途和命运、对于我国未来的发展是必要而又重要的，甚至可以说是紧迫的。

优雅生活不是对自然生活、奴役生活和自由生活这些生活方式的简单否定，而是对以前所有生活方式的扬弃和超越。作为人类痛定思痛后作出的理智选择，优雅生活无疑具有以前所有生活方式所不可比拟的巨大优越性。这主要表现在：

它能使人从各种奴役力量中摆脱出来，从容地为人处世，不再感到活得很累。自由生活使人类从各种外在的束缚中解放出来，使人成了社会、自然的主人，优雅生活则要进一步使人类从贪欲中解放出来，并从所有的束缚中解放出来，使人真正获得自由。

它能使世界的罪恶减少，使人类从冰冷的利己主义世界走进温情的德性主义世界。今天人类的种种罪恶主要起源于人的贪欲。优雅生活的生活方式既反对过分刺激鼓励人的物质欲望，同时又给人的物质欲望指出释放或升华的途径，因而可以从根本上铲除导致日益严重的罪恶的主要根源。

它能使人间充满友爱和真情，使世界更美好、人类更幸福。这种新的生活方式会使友情取代仇恨，真情代替虚伪，互助代替欺诈，使社会逐渐走向人性化、人道化，成为真正适合人类生活的天地。

它能使人类与自然和谐共处，使地球成为适合人类幸福生活的家园。优雅生活要求人们更多地获得精神性的享受，鼓励人们在精神享受水平方面无限地提高。这样，它就通过改变人的追求方向和享受方向，使人类减少自然资源的消耗和导致污染环境的废弃物。优雅生活还要求人类为了环境更美好而重构自然环境。这样，它不仅可以解决当前人类面临的紧迫的环境危机问题，而且可以建立人类与自然的永久和谐。

它能使社会真正成为自由、平等、公正、幸福、开放、多元、有序、人道的社会，成为真正个体自主而又整体和谐的社会，成为各尽所能、各得其所、各有所乐的社会，从而使每一个社会成员普遍获得幸福。生活在这种社会中，每一个人都心安理得，都能通过不同的途径实现自我，都能获得自己的幸福。

总之，走向优雅生活的优越性在于，它不仅可以使人类摆脱层出不穷的各种社会问题的困扰，使人类走出生存危机，减轻人类的生存压力，而且可以使世界更美好，使人类更幸福。人类之所以要选择和走向优雅生活，归根到底是因为这种生活方式自身所具有的优越性。

今天的人类以优雅方式生活，并不只是一种理想，更不是一种空想。在历史上就有过追求优雅生活的先例。例如，古希腊的雅典人的生活不是富裕的，但却是优雅的。雅典人就不怎么关注财富的占有和积累，不追求舒适和豪华的用品，但却十分关心有闲暇去从事谈论雄辩、文娱体育、哲学探讨、艺术创造、学术研究。从事所有这些活动都不是被迫的，不是为了实用，也不是为了名利，而是出于自己的喜好和兴趣，为了乐生，为了显示个人的才智。这一事例表明，以什么方式生活确实与经济社会条件相关，但也在很大程度上取决于人们的生活观念。古代雅典人在那种落后的社会条件下能够追求优雅生活，对于今天的人类来说，追求优雅生活就不存在什么条件不具备的问题。

现代物质文明为人类优雅生活提供了充足的物质保障和厚实的经济基础。特别是现代科学技术的迅猛发展，大幅度地提高生产能力，为生产更多更好的产品提供了可能，从而改变了拼资源、拼消耗的粗放型经济增长方式。科学技术的发达和劳动生产率的提高既大大地减轻了人们的劳动强度又大大缩短了人们的劳动时间，使人们有更多的时间和精力来发展个性和享受人生。

现代精神文明更为人类优雅生活提供了基本的思想观念、丰富的精神食粮、应有的综合素质，从而为人类优雅生活提供了充分条件。

现代制度文明也为人类优雅生活作了某些准备。现代文明的制度日益合理和完善。制度是人们行为的唯一规范，制度之外人们有广阔的空间，在这种空间内人们有充分的自由；同时制度本身充分体现人们的意愿和意志，而且日益民主化、规范化、程序化。

由此看来，在现代文明昌盛的今天，人类优雅生活的经济社会条件和物质技术条件总体上已经具备，现在问题的关键在于思想观念。观念的基础是确信，而确信人类应该优雅生活的基础则在于以这种方式生活的可能性。

2. 优雅生活的意蕴与特征

优雅生活，从一般意义上看，就是优质地、雅致地生活。所谓优质地生活，就是生活的质量高，也就是人的各种需要得到充分的、协调的满足，人的各种才能得到自由的、尽情地发挥。所谓雅致地生活，就是生活的规格高，也就是在人的各种需要中更追求高层次需要的满足，在人的各种才能中更追求高层次才能的发挥。所以，我们可以一般地说，所谓优雅生活，就是在追求各种需要得到充分和协调满足的同时更追求高层次需要满足、在追求各种才能自由和尽情发挥的同时更追求高层次才能发挥的生活方式。

优雅生活所针对的是劣质的、粗放的生活,也就是说它是针对以前所有生活方式的。因为无论是自然生活、奴役生活,还是自由生活总体上看都是劣质性的、粗放性的。它们在需要的满足和才能的发挥上或者是有缺陷的,或者是变态的,或者是低层次的。从社会实质上看,优雅生活主要是在克服自由生活这种生活方式的缺陷和弊端的前提下对这种生活方式的超越,以使人类生活水平和生活质量上升到一个新层次的生活方式。

自由生活有许多合理的内容,但其缺陷和弊端也日益明显和严重。概括说来,它的缺陷和弊端主要表现在:

(1)自利性。个人利益至高无上,把追求个人的物质利益作为一切行为的出发点、核心和目的。只有自爱,没有他爱。同情和良知被物欲所湮没,世界成为一个无情无爱的世界。

(2)物欲性。把人的所有需要和欲望还原为物质需要和感性欲望,追求肉体感受和感官快乐。信奉尽情享受,及时行乐。人的精神没有了,人的灵性没有了,人的终极没有了。

(3)贪婪性。唯利是图,不择手段,心比天高,永不满足,希望占有人间所有金钱、财富、权力、地位、名誉、美色等紧缺资源。为更多地占有,有的人甚至敢冒天下之大不韪,全然不顾礼义廉耻。

(4)异化性。从片面地追求自由、平等出发,其结果却使个人成为自己贪欲控制的奴隶,成为经济技术力量控制的奴隶,个人被更牢固地束缚在各种异己力量之下而不能解放和超脱。个人没有个性,社会成为千人一面的单向度的社会。

(5)破坏性。过分的自爱和贪欲破坏了个人身心之间的协调,破坏了人际关系的和谐,破坏了世界的和平和安宁,破坏了自然生态和环境平衡。整个世界变得越来越冷漠、病态和恐怖。

（6）非普及性。在同一社会范围内，只有那些强者才能真正自由生活，大多数人并不能真正自由生活，那些弱势人群甚至痛苦地、愤恨地生活。对于弱者来说，自由、平等、民主只是空洞的形式，幸福存在于彼岸世界。

优雅生活就是针对自由生活这种生活方式所存在的以上缺陷和弊端及其所导致的严重后果提出的一种力图从根本上走出这种生活方式困境重构的生活方式。它与自由生活有承继性，也有革新性，它不是一种否定和革命，而是一种扬弃和超越。与自由生活相比，优雅生活具有以下五大特征，也可以说要实现五大转变：

其一，从争权夺利转向高扬个性。自由生活是为利益而生活的，个人利益是生存的目的，追求个人利益是一切行为的动机和原动力，个人利益实现的程度就是个人人生价值的尺度。优雅生活则是为个性而生存的，个性的发挥或人性的实现是生存的目的，追求发挥个性是一切行为的动机、原动力和目的，个性发挥的程度就是个人人生价值的尺度。自由生活注重的是利益（具体化为不同的资源）的占有量，而优雅生活强调的是个性的丰富性和独特性，从而强调人的不可替代的独特价值。总之，自由生活指向外，强调朝外侵占，其目标是功利性的，因而可能有意或无意妨碍和伤害他人、社会和自然；而优雅生活指向内，强调从内高扬，目标是精神性的，因而一般不会对他人、社会和自然产生妨碍和伤害。

其二，从贪得无厌转向充实精神。自由生活由于把利益的占有量作为人生价值的尺度，因而贪婪地、疯狂地去获取利益，甚至会达到唯利是图、不择手段的地步，求利的动机和行为因而恶性膨胀，以致严重变形。优雅生活也要求人们不满足现状，要不断地进取、创新，但主要目标不是利益,而是真正体现人的本性和个性的精神。人的精神的完善是无止境的,需要不断地加以充实,优雅生活就是要求人们把注意力集中于不断充实精神,使精神逐步完善。

优雅生活并不否认获利的必要性和重要性,但这不是人生的主要追求,更不是人生的唯一追求。人占有再多的资源也不能表明人性已经实现,不能体现人的不可替代的独特价值,但人的精神境界可以体现人性实现的水平,体现人的独特性。自由生活与优雅生活都反对人们满足现状,不思进取,知足常乐,强调人应该无限地追求,但前者注重的是无限地追求有限的社会资源,而后者注重的是无限地追求无限的精神境界。显然,人人都无限地追求有限的社会资源必然导致争斗和战争,而无限地追求无限的精神境界则不会引起争斗和战争,相反会使世界因充满德性和情爱而变得美好和温暖。

其三,从穷奢极欲转向珍视生命。自由生活在市场机制的作用下不仅拼命挣钱,而且拼命消费,吃喝玩乐,豪华奢侈,有钱要消费,没有钱也要消费,分期付款制度为这种穷奢极欲、醉生梦死之风提供了合理的形式,并从而使之推向高潮,传统的节俭美德丧失殆尽。优雅生活反对这种浮华的奢靡之风,主张人们适度地合理地消费,特别是反对那种不顾一切地追求极乐的变态或病态做法,要求人们敬重生命,珍视生命,把人的生命看作是非个人的、神圣的、崇高的。优雅生活把追求生之欢乐作为人生的目标,但这种生之欢乐是健康的,而不是病态的;是持久的,而不是短暂的;是务实的,而不是虚荣的;是富有激情的,而不是极度疯狂的;是多方面的,而不只是感官欲望的。

其四,从及时行乐转向关怀终极。在消费主义之风影响下,也由于过度紧张的生活和沉重的生存压力,再加上人际关系紧张,人间缺少真情和友爱,及时行乐已经成为自由生活的一种生活状态。"今朝有酒今朝醉，明日愁来明日愁。"心灵陷入纷乱，精神失去寄托，空虚、寂寞、孤独、无聊、颓废、苦闷、忧郁，于是沉醉于声色犬马，放纵于醉生梦死。优雅生活则致力于消除导致享乐主义、纵欲主义、颓废主义、虚无主义的根源，同时引导人们追求自我实现、人格完善、心灵安宁、事业成功、家庭和睦等多样化的、健康的生活目标，使人们过一种积极向上、奋发有为的充实生活。不仅紧紧抓住现在，而且也关注未来，并且着眼于未来而生活，"向死而在"，慎终追远。

其五，从自我中心转向博爱众生。自由生活这种生活方式的核心是以自我为中心。自我是个人一切活动的出发点、中心和目的，个体的自由、权利、利益都是至高无上的。每一个个人都是一个封闭的"单子"，既不可入，也不可出，他只关心他自己，如果偶尔关心他人，那归根到底也是为了关心他自己。这种个人主义、利己主义、自我中心主义是自由生活方式的根本特性。以自我为中心，为我、利己、自爱都是人性的自然倾向，因而优雅生活并不否认和反对这一切，但它主张个人要努力从狭隘的自我走出来，把自我融于社群和他人之中，使个人的生活像社会那样不是一个中心，而是多中心。个人不仅应该围绕自我这个中心活动，也要围绕其他中心活动。每一个人不仅要自爱，而且要把爱逐步扩展开来，爱社群，爱众生，使个人的"小我"升华为众生的"大我"，使有限的"小我"融于无限的"大我"，并使之在其中得以延续和扩展。

3. 优雅生活模式及境界

优雅生活是一种生活方式，也是一种具有系统结构的生活模式，正如自由生存一样。优雅生活这种模式也可以划分为两大层次，这就是生活和优雅。生活是基础，有生存才谈得上优雅。生活也是目的，优雅是为了生活，而不是相反。优雅则是生活的方式，或者通俗地说，优雅是一种"活法",从结果来看就是生活的状态。在这两者之中,如果说生活是活下去的话,那么优雅则是更好地活着。这就是说,生活可以离开优雅,它可以不是优雅的,但优雅不能离开生活,脱离生活追求优雅不仅是虚妄的,而且是有害的。

优雅生活作为一种生活方式或模式,生活与优雅事实上是不能分离的。但是,优雅生活是一种高级的生活方式,它必须以基本的生活得到保障为前提,它是在基本生活有必要保障的基础上通过人的涵养锻炼构建起来的。没有这种前提,人是不可能优雅的。这与自然生活的生活方式不同,对于自然生活而言,生活与生存方式是完全统一的,它是自发的、本能的,不需要人为地构建。当然,当人真正优雅生活时,人的基本生活也会受到优雅的影响,或者说基本生活也优雅了。

人的基本生活就是人的基本需要得到满足。人本主义心理学家马斯洛把人的需要划分为五个层次,其中生理需要是人最基本的需要,所有其他需要只有生理需要得到相对充分的满足后才会产生。生理需要,就是我们中国人通常所说的"温饱"问题。"温饱"是优雅生活的最基本前提,"温饱"问题解决不了,人就不能生存,更谈不上生活得好和更好。因此,我们可以把"温饱"作为优雅生活的底线。古代雅典人优雅的生活就是以此为底线的。但对于优雅生活而言,除生存需要之外,安全需要、归属和爱的需要及自尊需要这些基本需要都必须得到充分的满足。

优雅作为一种生活的模式,包括生活目标、生活环境、生活状态(也可以说是狭义的生活方式)等基本要素。从人性的潜能和倾向来看,从历史的经验和现实的可能来看,我们可以对这些要素作出以下基本规定:(1)生活目标,包括追求自我实现,追求体魄强健,追求人格完善,追求心灵安宁,追求事业成功,追求家庭和睦,追求环境舒美,追求人生体验,追求生之欢乐,追求不可替代;(2)生活环境,包括自由地生活,平等地生活,公正地生活,和谐地生活,悠闲地生活;(3)生活状态,包括有学习地生活,有专长地生活,有个性地生活,有创意地生活,有情趣地生活,有格调地生活,有责任地生活,有尊严地生活,有德性地生活,有智慧地生活。优雅生活作为一种生活模式,还必须具有与之相适应、相配套并能使之尽可能好地实现的一些可能条件。这些条件不是优雅生活的内在要素,但却是其可能的前提条件,这些条件对个体的生活方式、对整个社会的生活方式都起着决定性的作用。人类历史上生活方式或模式之所以不同,从根本上说就在于这些条件的内涵和要求不同。

人类所有的生活方式都不是固定不变的,而是动态的,优雅生活也是如此。但是,与其他生活方式不同的是,优雅生活既可以是一个有止境的过程,也可以是一个无止境的过程。当一个人达到一定的境界时,他就止步不前了,它就是有止境的;当一个人永不满足地不断修炼,不断追求,它就是无止境的。所以,优雅生活是不是有止境,取决于生活者个人。不过,整体说来,优雅生活是一个无限的过程,没有绝对的终极点。对于这一无限的过程,我们可以划分为不同的阶段或层次。这些不同的层次也就是人们通过涵养锻炼可以达到的不同境界。

从人性实现和发挥的角度看,优雅生活可以划分为成功地生活、优质地生活、雅致地生活、完美地生活四个境界,达到这四种境界的人生就是成功的人生、优质的人生、雅致的人生、完美的人生。这四种人生都应该说是幸福的人生,尽管幸福的程度有所不同。

成功地生活,不是指人生某一方面的成功,也不是指整体人生或其中某一方面取得很高的成就,而是指人性能得到实现。人性的实现主要包括两个方面：一是人的需要得到满足；二是人的潜能得到发挥。人的需要可以划分为基本（生存）需要、发展需要、享受需要三种类型。人的潜能可以划分为生活潜能、工作潜能和个性潜能三个方面。成功地生活，就是人的基本需要、发展需要、享受需要都能得到正常的满足，就是人的生活潜能、工作潜能和个性潜能都能得到正常的发挥。成功地生活的人不仅在人性实现方面总体上是成功的，而不是失败的，而且能正常地满足自己的各种需要，能正常地发挥自己的各种潜能。所以，成功地生活的人就是自我实现的人，或者说是发展得好的人，并且是能自我实现的人。

优质地生活，指人性不仅能得到实现，而且至少其中的一些主要方面能得到圆满的实现。就人的需要而言，基本需要、发展需要、享受需要能得到很好地满足。例如，基本需要能满足到使人有舒适感。发展需要能满足到使人有成就感。享受需要能满足到使人有惬意感。就潜能发挥而言，生活潜能、工作潜能、个性潜能得到超常的发挥。这里的"超常"主要体现在创造精神和创造能力方面，优质地生活的人能创造性地生活、工作，能使个性得到创造性地发挥。优质地生活的人，他的素质高，能力强，作为大，他的生命充满活力，他的人生充满创意，他的生活充满乐趣。这种人在现实生活中不仅是能很好解决自己生活的人，而且应该是能为他人造福的人。

雅致地生活，指不仅人性能得到圆满的实现，而且能以审美的眼光来看待生活，能以审美的态度来对待生活，使人性闪耀美的光辉，使世界渗透美的魅力。这种生活境界与优质地生活境界的主要差别在于，达到这种境界的人具有更明显的审美意识和能力。他能以审美的眼光和态度来对待各种需要的满足，来享受生活的成功和乐趣，他也能以审美的眼光和能力来设计生活，创造生活。他的生命充满激情，充满灵气，充满魅力，充满美感，而且他还能把这种美感和美洒向人间，使周围的一切更鲜活、更高洁、更精美、更雅致。这种人在现实生活中不仅是能很好解决自己生活的人，是能给他人造福的人，而且应该是给他人创美的人。

完美地生活，指不仅人性能得到圆满的、富有美感的实现，而且目光敏锐，思想深邃，能不断反思和批判自己和他人的生活状态，使人的生活保持警醒和活力。达到这种境界的人更有智慧、更有思想、更有洞察力，对自己的生活和世界的状况更具有冷静的、超然的态度。他更注重反思过去，批判现实，筹划未来，并且具有这方面的素质和才能。他能"以天下为己任"，具有更强烈的社会责任感和历史使命感，人类的生活因为有这样的人而不至于误入歧途，发生异化。这种人在现实生活中不仅是能很好解决自己生活的人，而且是能给他人造福、创美的人，是能为他人启智的人。

人的需要和潜能是各不相同的，特别是在残疾人与正常人之间，儿童、老人与青壮年之间，女人与男人之间差异很大。但是，所有的人都能优雅生活，都能达到优雅生活的不同境界。例如，一个残疾人的潜能是有限的，一个年迈的老人的潜能是较小的，但只要能正常地发挥这些潜能，他就是在成功地生活。应该承认，由于人们的需要和潜能之间存在着差别，而且人们在涵养锻炼方面也不可能整齐划一，因而并不是每一个人都能达到完善地生活的境界。但是，每一个人都至少能达到成功地生活的境界，都能优雅生活，只要有这种意识和功夫。这一点是确定无疑的。

4. 走向优雅生活

改革开放以来，中国社会实现了前所未有的快速发展，曾经长期困扰中国人的"吃不饱，穿不暖"的"温饱"问题得到了相当好的解决,中国即将建成"小康"社会。"小"社会的建设为今天的中国人普遍追求优雅生活奠定了物质基础。同时,经过20多年的现代化建设,中国正在走向具有自由、平等、民主、法制、市场、科技等现代化基本特征的现代社会。现代化的成就,为今天的中国人普遍追求优雅生活提供了社会条件。对于今天的大多数中国人来说,基本上不存在能不能优雅生活的问题,只存在想不想优雅生活的问题,只要"想"就"能"。今天中国社会发达的程度比发达国家要差,但可以肯定的是比18世纪后、20世纪前的法国强,更不用说比古雅典强。近代法国人、古代雅典人能优雅生活,今天的中国人为什么不能?因此,问题的关键主要不在于优雅生活值不值得追求、可不可能追求,而在于我们想不想追求。

大致说来,中国人追求优雅生活有三大障碍。

障碍之一:缺乏对优雅生活的意识。长期以来,人类普遍缺乏优雅生活的意识。虽然今天优雅生活方式的必要性和可能性得到了论证,但要使大众普遍认同这种生活方式是需要时间的,要使他们普遍形成优雅生活的意识,把优雅生活作为终极目标加以追求更要经历一个相当长的过程。就中国而言,人们尚不知何为优雅生活,不知道它与现存的生活方式有什么区别,不知道我们人类为什么要追求优雅生活,甚至在人们的心目中还没有优雅生活的概念,更不用说对它的意识。在这种情况下,人们不可能自觉地去追求优雅生活。因此,要使中国人普遍追求优雅生活,关键是要对人们进行优雅生活的教育,特别是要通过正规的学校教育,使人们充分认识到优雅生活的必然性、必要性、可能性和优越性,普遍形成何为优雅生活以及如何优雅生活的意识,并在这种意识支配下自觉追求优雅生活。

障碍之二:缺乏追求优雅生活的传统。尽管优雅生活在人类历史上没有成为人类普遍追求的价值目标和生活方式，但在一些国家有过优雅生活的先例，有的国家甚至还形成了这方面的传统。例如，英国自中世纪以来，男士们都很讲究绅士风度，并且形成社会风尚。可是，中国从古至今缺乏英国那样自觉追求优雅生活的先例，因而过去中国人在生活方面普遍不太讲究。中国人较多地讲究吃喝，讲究实惠，讲究凑合，较少讲究情调，讲究精美，讲究雅致。许多人都认为中国人素质差，这在相当大程度上与中国人缺乏优雅生活的传统有关系。缺乏优雅生活的传统，缺乏讲究生活质量的习惯，这是中国人普遍追求优雅生活的严重障碍。

障碍之三：现代文明的消极影响。中国正在搞现代化建设。现代化建设的目的是进入现代文明。现代文明有很多长处和优势，但也有其明显的缺陷和弊端。这就是它会刺激人的贪欲疯长，会使对实利的追求淹没一切，使世界成为缺乏人情和情调的冷冰冰的世界。中国人自古以来过分讲求实惠而不能有所超脱，这种传统不仅不能对现代文明的缺陷和弊端加以遏制和弥补，相反很容易与之一拍即合，使之强化。近几年中国暴露出来的许多巨贪就是典型的写照。他们的问题就在于"贪"字充斥了他们的心灵。只讲实惠，钱财又是最实惠，如果贪欲膨胀，一有机会，必定会犯"贪"。过分实惠的生活态度，加上现代文明对贪欲的刺激，这是今天中国许多贪官犯"贪"的深层根源。

中国走向现代化势在必行，不可改变。在这种情况下，反思现代文明的缺陷和弊端，反思我国文化传统的缺陷和弊端，对于我们在走向现代化的同时走向优雅生活是十分必要而又重要的。现代文明具有巨大的魅力，它的疯狂性对人们的心灵有巨大的侵蚀和吞噬作用，如果不对这种文明进行自觉反思，我们更容易被引入这种文明，而不能超越它走向后现代文明。

要把优雅生活作为生活的最佳方式追求，我们要着重解决三个问题：

一是要弄清楚优雅生活值不值得追求。人们对价值目标的追求是以对价值的选择为前提的，而对价值的选择又是以对价值的评价权衡为前提的。要把优雅生活作为终极价值目标，首先必须在思想上认识到优雅生活是最有价值的，因而最值得选择、最值得追求。优雅生活方式之所以最值得追求的理由，在前文已经讨论过。但是，我们的论证是理论上的论证。要把理论上的论证变成大众的确信，还有两项工作必须做：一是使人们了解理论并相信理论；二是使人们能在实际生活中感受到理论的正确性。对于第一项工作，一方面要加强理论研究，使理论有说服力；另一方面要通过适当的途径让大众了解理论，这种途径就是教育，特别是学校教育。对于第二项工作，主要是政府要通过适当的途径使理论观念变成现实，使人们切身感受到优雅生活是更值得追求的，其中重要途径之一就是政策。有了教育、政策的作用，有了现实的感受，人们才能真正在思想上确认优雅生活是最值得追求的生活方式。

二是要弄清楚优雅生活可不可能追求。人是具有想象能力的，可以想象许多非常美好、非常有价值然而现实中不存在甚至不可能存在的东西。这些东西看起来值得追求，事实上由于不可能存在，不可能通过追求来获得，因而实际上是不值得追求的。例如，天堂就是如此。要使人们追求优雅生活，不仅要使人们相信优雅生活这种生活方式是值得追求的，而且要使人们相信它是可能追求的。由于现代人越来越急功近利，因而不仅要使他们相信优雅生活可能追求，而且要使他们相信优雅生活是见效快的。从这个意义上看，理论上论证这种生活方式是可能的固然必要，但如何使人确信它是现实可能的，它存在于此岸世界，就是更为重要的了。

三是要克服生活的惰性。即使思想上弄清楚了优雅生活值得追求且可能追求，这还不够，尤其对于我们中国人，还必须克服生活的惰性。中国国民性有一个明显的弱点，这就是前面已经指出的"赖活""苟安""知足"等等，即不讲究生活质量。人完全可以像动物一样自然地生存于世界上，这是最不费力、最不费事的生活。现实生活中的一些流浪者、乞丐就是如此。但是，如果人这样地活在世界上，人就不是真正的人了。

当然，现实生活中像流浪汉、乞丐一样顺其自然而生活的人毕竟是极个别的，但是，在中国"凑合"着或"对付"着过日子的人却大有人在。我们可以把这种生活方式称为"马虎生活"的生活方式，其主要特点是"惰性"占上风。优雅生活是一种追求作为的积极有为的生活方式。要追求这种积极有为的生活方式，就必须改变中国目前尚流行的"马虎生活"这种消极无为的生活方式。马虎生活是优雅生活的大敌，不克服马虎生活这种习性，优雅生活的生活方式就不可能普遍确立。

结 语
助力世界幸福新时代

中国人民迈进更加美好生活的新时代，将会伴随着中国的日益强大对世界产生深远影响，发挥重要示范作用。中国作为负责任、有担当的大国，要发挥好这种示范作用，面临着如何进一步解决好国内仍然一定程度存在的两极分化、环境保护、依法治国等突出社会问题，以及如何加快实现作为人民生活更加美好基础和保障的社会主义现代化步伐的问题。只有解决好了这些问题，中国才能真正树立起大国形象，才会有更强的感召力和影响力，也才会拥有更大的话语权。如此，中国就真正有资格和能力给人类进入幸福新时代以有力的支持和推动。

1. 中国人民幸福的示范作用和构建经验

在人类历史上，中国率先进入了人民幸福的新时代，而整个世界尚未进入全人类幸福的新时代。世界上不少国家人民面临着温饱问题，更多国家正致力于解决小康问题，还有些国家和地区仍然处于战乱之中，一些发达国虽然已经富裕甚至强大起来，但国内存在着严重的两极分化。和平问题、贫困问题和共同富裕问题的普遍存在表明，当代世界所要解决的主要问题是生存问题，生活得好和生活得更好的问题尚未普遍提上议事日程。今日的世界，贫困问题还相当普遍地存在，战乱问题也在一定范围存在，还谈不上人类普遍生活美好的问题，全人类没有像中国一样进入幸福的新时代。

但是，我们也应该看到，第二次世界大战以来，不仅没有再发生第一次世界大战和第二次世界大战那样的世界性战争，而且局部战争也越来越少。因此，我们经常说和平和发展是当代世界的时代主题。这意味着人类摆脱了自进入文明社会以来所一直处于的普遍敌对和战乱状态，世界各国几乎都参与了现代化和民主化进程，世界绝大多数国家政府都希望把本国的事情办好，使本国人民过上幸福生活。只是由于种种原因，世界各国的进展差异很大。人类的一体化、经济的全球化，以及交往和信息全球化带来的各民族文化相互学习、相互借鉴的新世界格局，再加上中国的强力推动，人类正在进入构建命运共同体的时代。人类命运共同体的构建将会为解决世界上普遍存在的生存问题，进而谋求整个人类幸福奠定基础和提供保障。可以预测，世界进入人类幸福时代为时不会太远。

在这种新的时代背景之下，中国人民走上幸福之路对其他国家有着极其重要的示范作用，也会产生积极效应。这种示范作用及其积极效应是多方面的。首先，彻底告别战乱是中国人民走上幸福之路的前提，结束战乱才使中国人民从此站立起来。这对于那些仍然动荡不安的国家和地区如何尽快结束战争、实现和平会产生重要的积极影响。其次，中国通过不断深化改革开放使中国人民富起来，富起来是中国进入幸福时代的重要物质基础。这可以为那些备受贫困煎熬和困扰的欠发达国家破解发展难题指明道路。再次，中国从富起来走向强起来是中国进入幸福时代的重要标志，也能够给陷入"中等收入陷阱"的发展中国家如何走出陷阱以有益启示。最后，中国从让一部分人先富起来然后带动后富、最终走向共同富裕是新时代中国幸福观的实质内容。中国的这种努力对那些虽然发达但仍为社会贫富两极分化的发达国家解除长期无法解脱的"魔咒"也会有某种借鉴意义。当然，中国人民幸福的这些示范作用需要其他国家有开放的胸襟，才能产生示范效应。不过我们有理由相信，伴随着中国的强大和中国文化影响力的增强，中国的示范作用会产生更广泛的效应。

中国进入人民幸福的新时代，中国人民过上更加美好的幸福生活不是自然天成的，而是中国共产党领导中国人民艰苦奋斗的结果。中国共产党自成立以来领导中国人民解决了当代许多国家面临的和平问题、贫困问题，努力解决发达国家面临的共同富裕问题，并创造了世所罕见的经济快速发展奇迹和社会长期稳定奇迹。这是一个极其艰难曲折的历史过程。在这一历程中，中国积累的许多经验值得今天世界上其他国家借鉴。如果说今天中国人民的幸福生活对世界其他国家具有示范效应的话，那么这些构建人民幸福的经验更值得其他国家借鉴。

中国共产党成立百年来积累的经验极其丰富。党的十九届三中全会通过的《坚持和完善中国特色社会主义制度推进国家治理体系和治理能力现代化的若干重大问题的决定》，概括了我国国家制度和国家治理体系所具有的十三方面的优势，实际上就是概括了中华民族从站起来、富起来到强起来的伟大飞跃从而进入幸福新时代的主要经验。从幸福观的角度看，这些经验是中国构建全体人民幸福的经验，它们不仅是中国的，也是当代人类的宝贵财富，对于世界上其他国家都程度不同地有借鉴意义。其他国家借鉴这些经验，将会大大推进人类命运共同体建设，推动世界进入永久和平和普遍幸福的新时代。

2. 人民幸福在中国任重道远

中国进入了幸福时代。这里所说的"幸福时代"主要指的是以人民幸福为奋斗目标的时代，是党领导全国人民创造更加美好生活的时代，是我国各族人民正如期走向幸福的时代，而不是中国人民已经普遍获得了幸福的时代。党的十九大报告明确指出，到2020年，我国全面建成小康社会，实现第一个百年奋斗目标；到2035年人民生活更加宽裕，全体人民共同富裕迈出坚实步伐；到21世纪中叶，把我国建成富强民主文明和谐美丽的社会主义现代化强国，全体人民共同富裕基本实现，我国人民将享有更加幸福安康的生活。党中央的这一战略安排是实事求是的。从这一战略安排可以看出，实现中国人民生活更加美好的奋斗目标还有相当漫长的路要走，而且必须努力奋斗。

从人民生活更加美好奋斗目标实现的角度看，到21世纪中叶我国需要着力解决好以下四大问题。

其一，如何把我国建成社会主义现代化强国、实现中华民族的伟大复兴。人民幸福是以国家富强、民族振兴为前提条件。党的十九大为到21世纪中叶实现第二个百年奋斗目标作出了战略安排，制定了十四大基本方略，提出了上百条新举措。这是一幅从现在到21世纪中叶的宏伟蓝图，要使这一宏伟蓝图变成美好现实，我们还面临着艰巨的任务。西方现代化前后经历了约六百年的时间，中国这样一个人口大国要在不到一百年的时间内走完西方六百年才走完的路程，而且还要排除各种人为设置的障碍，其难度前所未有。

其二，如何解决我国新时代面临的人民日益增长的美好生活需要和不平衡不充分的发展之间的矛盾。在全球化和信息化的时代背景下，人民美好生活需要日益广泛，人们不仅对物质文化生活提出了更高要求，而且在民主、法治、公平、正义、安全、环境等方面的要求日益增长。于是就产生了我国社会生产力水平总体上显著提高，社会生产能力在很多方面进入世界前列，但发展不平衡不充分的问题突显出来，并且已经成为满足人民日益增长的美好生活需要的主要制约因素。这就要求我国的现代化强国建设不能局限于经济的强大，而必须是经济、政治、文化、社会和生态文明的全面强大。党中央提出了"五位一体"的总体布局和"四个全面"的战略布局以及新发展理念，为解决新时代主要矛盾提供了基本遵循，但这实际上是新一轮的观念更新，贯彻落实起来难度相当大。

其三，如何不断提升全国人民的获得感、幸福感、安全感。西方的现代化是以市场经济为经济驱动力实现的，其最大的代价是社会贫富两极分化,两极分化是西方世界无法解脱的魔咒。市场经济也是我国现代化的强大推动力,而市场经济必然导致两极分化。这显然是与通过共同富裕增强人民获得感和幸福感的战略构想相冲突的。因此,如何在将市场经济作为我国经济体制的情况下,解决好人民的获得感和幸福感问题将会是我国未来发展中日益凸显的问题。

其四,如何教育和引导全国人民创造和享受自己的幸福生活。幸福是每一个社会成员个人的幸福,社会只能为所有社会成员提供他们创造和享受幸福的环境和条件。因此,即使社会为所有成员提供了公平的环境和条件,也并非每一个社会成员都能过上幸福生活。这涉及多方面的问题,其中最重要的有幸福意识问题、幸福的个人创造问题、个人享受幸福或个人幸福感的问题。这些问题是社会不可能解决的问题,但社会可以通过教育、宣传、鼓励等途径告诉其成员如何增强幸福意识,如何创造和享受幸福,如何增强幸福感。我国社会要让人民生活更加美好,不断增强人民的获得感、幸福感和安全感,这方面的教育引导就是必要的。

正因为实现人民生活更加美好的奋斗目标仍然面临着上述艰巨任务,所以习近平在2020年春节团拜会上强调指出:"时间不等人!历史不等人!时间属于奋进者!历史属于奋进者!为了实现中华民族伟大复兴的中国梦,我们必须同时间赛跑、同历史并进。"

实际上,即便按照党中央的战略安排如期实现了第二个百年奋斗目标,我国人民享有了更加幸福安康的生活,奋斗也不能终止。历史在前进,时代在进步。一方面,人民生活更加美好是一个动态的奋斗目标,永无止境;另一方面,中国作为一个负责任有担当的大国,还要推动全人类迈向更加美好生活的未来。习近平在2020年春节团拜会上再次高瞻远瞩地向全党全国人民发出了号召:"全党全军全国各族人民要在中国共产党坚强领导下，不忘初心、牢记使命、不畏风浪、直面挑战，以时不我待的奋进姿态，继续向着实现中华民族伟大复兴的光辉目标进发，继续向着推动构建人类命运共同体的美好前景进发，继续在人类的伟大时间历史中创造中华民族的伟大历史时间！"习近平的号召指明了中国人民追求生活更加美好的未来方向。

3. 以中国人民幸福昭示人类美好生活

中国人民进入幸福时代和走上幸福之路对于人类的最重要意义在于，一个占世界人口总数约20%的人口大国、一个七十年前积弱积贫的"东亚病夫"能够在七十年间实现从站起来到富起来再到强起来的历史跨越表明，实现全人类的普遍幸福是必要的、可能的，也是现实的。

谋求生活得更好是人类的普遍本性。这种本性在人类历史上由于种种原因长期受到压抑，人类中大多数人的现实生活在大多数情况下仅限于谋求生存下去（活命），不可能生活得好，甚至根本没有生活得好、生活得更好的愿望。在传统社会那些占人口少数的统治者或强权者，虽然拥有土地、金钱、财富等社会资源，过着富贵的生活，但这些人由于社会不具备幸福的条件，尤其是他们生活在大多数穷人的不满甚至愤恨之中而心灵得不到安宁，实际上也没有真正的幸福可言。近代西方建立的资本主义社会，虽然解决了人们的自由平等权利问题，但无法克服市场经济必然导致的贫富两极分化问题，社会中大多数穷人即使能获得起码的生存保障实际上也不能过上幸福生活。从整个人类历史来看，在新中国成立以前，不仅整个世界没有解决人类普遍幸福问题，甚至也没有一个国家真正解决社会成员的普遍幸福问题。

如前所述，人类历史上的各种社会形态由于种种原因并没有真正履行其使命，社会并没有使其成员实现其本性而获得幸福成为必要和可能，相反社会的现实往往是不幸的、苦难的。历史上社会现实的这种情形，使许多人甚至思想家都把人类普遍获得幸福的社会视为"乌有之乡"（乌托邦）。西方近代一大批启蒙思想家肯定人类能建立基于理性的自由法治社会，在这样的社会中人们可以在法治的前提下自由地谋求幸福，但他们能否实际上获得幸福，那不是社会的使命。启蒙思想家的理想社会实际上是否定了社会成员获得普遍幸福的可能性。

新中国成立七十多年来的实践及其成就有力地证明，在一定基本社会共同体或社会内实现其成员的幸福是必要的、可能的和现实的。这主要体现在，人的本性就在于谋求生活得更好即幸福。这种本性是不可能靠单个的人和家庭实现的，必须靠社会来实现，人类组建社会的根本目的就是要通过共同体的管理来实现每一个成员本性的要求。其真正的使命就是要利用社会的合力来尽可能充分地实现其成员的人性潜能，使他们过上幸福的生活。因此，实现其人性以获得幸福不仅是个人本性的要求，也是社会的目的和使命。也正是因为人类组成了社会，而社会会形成各个成员不可能具有的巨大力量，社会成员普遍获得幸福才有了可能，也才能使这种可能变成现实。虽然人类历史上的各种社会都没有真正做到这一点，但社会主义中国正在努力地做到这一点，并且已经取得了显著的成效。

鸦片战争以后，中国长期处于被动挨打、任人宰割的濒临亡国灭种且贫穷落后境地。通过七十多年的奋斗，这样一个贫弱的人口大国居然能够站起来、富起来进而强起来，过去连饥寒问题都无法解决的人民能够普遍过上"小康"生活，并正在向共同富裕迈进。在今天的世界上，也许再也没有一个国家处于像近代中国那样的窘困境况，而且随着人类的进步，历史上的那种强权即公理的强盗逻辑已经成为过街老鼠。在这种新的世界历史背景下，中国的成功能够使其他国家的人民看到希望,能够增强他们的信心,而且也会强化他们获得自己幸福的意识和动机。

更为重要的是,当世界各国都以让人民生活更加美好作为其最高使命时,它们就不会局限于狭隘的本国利益,就会将人类整体利益置于国家利益之上。如此,人类当前面临的严重环境危机才有望得到最终解决,经济全球化与政治多极化的矛盾才有可能从根本上得到克服,人类命运共同体建设也才具备了坚实的基础。

我们有理由相信,只要世界上大多数国家都像中国一样,以人民过上更加美好生活为奋斗目标并采取切实有效措施使之得以实现,全人类普遍幸福的时代就会到来。为此,中国还要以自己更加成功地创造全体人民生活更加美好的实践不断昭示世界,给这个伟大时代的早日到来贡献智慧和力量。

后　记

　　本书是对我 30 多年来研究幸福问题成果的一个简要汇编。编撰这本小书的起因是湖北人民出版社徐燕女士的约稿。她 2019 年 5 月前后找到我，说我有关幸福的成果比较多，可否考虑编一本比较通俗的主题出版物，由她们出版社出版。我于 2020 年 1 月用了一段时间编辑了一个初稿，并请徐燕女士提意见。她在充分肯定书稿的架构和内容的同时，提出了一些修改意见。其间，中宣部 2020 年主题出版重点出版物选题申报启动，该书在湖北人民出版社支持下获得了申报机会，可惜最终没能入围。考虑徐燕女士会为本书的出版为难，我就找到在新华出版社的唐波勇博士，请他看看新华出版社对此书有没有兴趣，于是此书就有了现在的出版机会。波勇是我们湖北大学的校友，与我相识多年，亦师亦友，在此书出版的过程中给予了热情的帮助。

　　这是这本小书成书和出版的一点花絮，说出来是为了表达对徐燕女士和波勇博士的衷心感谢。没有徐燕女士的约稿和多次提出的宝贵意见，就不会有这本书的诞生，也不会有这样一个我自己还觉得比较满意的样子；没有波勇博士的鼎力支持，本书也不会顺利出版。在此，我要借此机会对湖北人民出版社和新华出版社的领导对本书的大力支持表达我的诚挚谢意！

　　我这辈子出版了几十本书，但只有《幸福之路——伦理学启示录》（湖北人民出版社 1999 年版）是一本通俗读物，据说该书还比较受欢迎。我的所有书都有深入浅出的特点，如果读者专下心来读，都还比较好理解。这实际上为我根据自己的书来编写通俗读物提供了方便。这本书就是我从过去写的著作和论文中择其相关内容整合而成的，只有个别地方是补写的。我有关幸福的著作有十来本，本书虽然算是其中的精要集萃，但毕竟篇幅有限，很多内容容纳不下。所以，在此特别提请读者朋友注意，对幸福问题有兴趣的读者朋友还可以进一步阅读我其他的一些关于幸福的著作。其中主要的有：《自主与和谐——莱布尼茨形而上学研究》（武汉大学出版社1995年版、2005年版）、《幸福与和谐》（人民出版社2005年第1版，科学出版社2016年第2版）、《德性论》（人民出版社2011年版）、《西方德性思想史》（四卷本，人民出版社2016年第1版、2018年修订版）、《中国传统价值观及其现代转换》（社会科学文献出版社2020年版）。

本人现担任湖北大学哲学学院教授、博士生导师、高等人文研究院名誉院长，中华文化发展湖北省协同创新中心主任，上海大学社会科学学部兼职教授，兼任教育部人文社科重点研究基地——中国人民大学伦理学与道德建设研究中心、北京师范大学社会主义核心价值观协同创新中心和教育部人文社科重点研究基地价值与文化研究中心、清华大学道德与宗教研究院、湖南师范大学中国特色社会主义道德文化省部共建协同创新中心、武汉大学马克思主义与当代中国实践湖北省协同创新中心等单位的研究员或首席专家。我希望以这本小册子作为我履职的一项成果回报上述学术机构和朋友们对我的信任和厚爱。

目前我担任研究阐释党的十九届四中全会精神国家社科基金重大项目"中国特色社会主义制度'人民至上'价值及其实践研究（20ZDA005）"的首席专家，本书是该项目的一项阶段性研究成果。

江　畅

2020年12月1日